HOLZRAHMENBAU
INDIVIDUELLES KOSTENSPARENDES BAUSYSTEM
TEIL II

BUND DEUTSCHER ZIMMERMEISTER
IM ZENTRALVERBAND DES DEUTSCHEN BAUGEWERBES

CIP-Titelaufnahme der Deutschen Bibliothek

Holzrahmenbau:
Individuelles kostensparendes Bausystem / Bund Dt. Zimmermeister im Zentralverb. d. Dt. Baugewerbes. – Karlsruhe: Bruder
  Teil 1 Bearb. von Georg Küttinger
  ISBN 3-87104-075-4
NE: Küttinger, Georg [Bearb.]; Bund Deutscher Zimmermeister

Teil 2 (1989)
  ISBN 3-87104-074-6

Herausgeber:
Bund Deutscher Zimmermeister
im Zentralverband des Deutschen Baugewerbes e. V.
Godesberger Allee 99
5300 Bonn 2

Alle Rechte vorbehalten, auch die des auszugsweisen Nachdrucks
oder der fotomechanischen Wiedergabe der Mikrokopie
und der Übersetzung in andere Sprachen.

Verlag:
BRUDERVERLAG,
Bismarckstraße 21
7500 Karlsruhe 1

ISBN 3-87104-074-6 (Band 2)
ISBN 3-87104-075-4 (Gesamtausgabe)

Herausgabe

Dieser Band entstand auf Initiative des Bundes Deutscher Zimmermeister im Zentralverband des Deutschen Baugewerbes. Er wurde finanziert von Unternehmen und Verbänden der Baustoffindustrie, die hier ihre dem neuesten Stand entsprechenden Baustoffe, Bauteile und Konstruktionen vorstellen. Koordination, einheitliche Darstellung, allgemein geltende und verbindende Texte wurden von dem Herausgeber eingebracht.

Konzeption, Redaktion und Layout

Bund Deutscher Zimmermeister im Zentralverband des Deutschen Baugewerbes, Bonn
Dipl.-Ing. (FH) Klaus Fritzen, Bonn

Förderer von Holzrahmenbau

Eternit AG, Berlin

Fels-Werke Peine Salzgitter GmbH, Goslar

HNT GmbH, Verbindungstechnik für Holz, Papenburg

Industriegruppe Gipskartonplatten im Bundesverband
der Gips- und Gipsbauplatten-Industrie e.V., Darmstadt

Industrieverband Bauchemie und Holzschutzmittel e.V., Frankfurt

Mafell-Maschinenfabrik, Rudolf Mey KG, Oberndorf

Paslode GmbH, Eschborn

Promat, Ratingen

Verband der Deutschen Holzwerkstoffindustrie e.V., Gießen

Vereinigung Deutscher Sägewerksverbände e.V., Wiesbaden

Vorwort

Zimmermeister Günter Kuhs,
Vorsitzender des Bundes Deutscher Zimmermeister

Der Herausgeber dankt den Firmen und Verbänden, die durch finanzielle Unterstützung und partnerschaftliche Zusammenarbeit wesentlich zu der Entstehung von Holzrahmenbau, Teil I und Teil II, beigetragen haben.

Inhalt

VORWORT
0 II ANSCHRIFTEN, FÖRDERER
1 II EINFÜHRUNG
2 II BAUSCHRITTE, BAUMETHODE (SIEHE TEIL I)
3 II ÜBERSICHTEN ZUM ENTWURF (SIEHE TEIL I)
4 II SCHUTZMASSNAHMEN
    4.1   ERLÄUTERUNGEN (SIEHE TEIL I)
    4.2 II ÜBERSICHTEN
5 II BAUSTOFFE
    5.1 II ALLGEMEINES
    5.2 II BAUSTOFFBESCHREIBUNGEN, HERSTELLERNACHWEIS
6 II BAUTEILE, TECHNISCHE DATEN, DETAILS
    6.0 II GELTUNGSBEREICH
    6.1 II AUSSENWÄNDE
    6.2 II GEBÄUDEABSCHLUSSWÄNDE
    6.3 II TRAGENDE INNENWÄNDE
    6.4 II FREISTEHENDE STÜTZEN (SIEHE TEIL I)
    6.5   STÜRZE, UNTERZÜGE (SIEHE TEIL I)
    6.6 II NICHTTRAGENDE TRENNWÄNDE
    6.7 II DECKEN, DÄCHER
    6.8   BÄDER, DUSCHEN, WANDHÄNGENDE LASTEN (SIEHE TEIL I)
    6.9 II SYSTEMZUBEHÖR, SYSTEMERGÄNZUNGEN
7 II TRAGWERKSKONSTRUKTION
    7.1 II TRAGENDE UND AUSSTEIFENDE WANDTAFELN
    7.2   DECKE (SIEHE TEIL I)
    7.3   GEBÄUDEAUSSTEIFUNG (SIEHE TEIL I)
    7.4 II VERBINDUNGEN, BEFESTIGUNGEN
8 II STATIK
    8.1   GRUNDLAGEN (SIEHE TEIL I)
    8.2   BEISPIELE (SIEHE TEIL I)
    8.3   TABELLARIUM (SIEHE TEIL I)
    8.4 II BAUAUFSICHTLICH ZUGEL. TRAGENDE BAUSTOFFE U. BAUTEILE
9 II HAUSTECHNIK
    9.1 II HEIZUNG
    9.2   SANITÄR (SIEHE TEIL I)
    9.3   ELEKTROINSTALLATION (SIEHE TEIL I)
10 II ANHANG

Vorwort

Der »Holzrahmenbau« – die deutsche Variante der nordamerikanischen »timber-frame«-Bauart – hat einen Markt gefunden. Die Initiative des Bundes Deutscher Zimmermeister im Zentralverband des Deutschen Baugewerbes, die im Herbst 1985 zu der Herausgabe von »Holzrahmenbau Teil I« führte, findet in »Holzrahmenbau Teil II« ihre Anpassung an den neuesten Stand der Technik. Wie der Bundesminister für Raumordnung, Bauwesen und Städtebau in seinem Geleitwort zu Teil I zu Recht bemerkte, erschien Holzrahmenbau zum »rechten Zeitpunkt«. Die in ihrem systematischen Bildungsprinzip sehr einfache Bauweise wurde insbesondere von der Architektenschaft angenommen, und mittlerweile geben überzeugende Bauwerke von hoher gestalterischer und substantieller Qualität Beispiel für die Umsetzbarkeit der Konzeption.

»Holzrahmenbau« ist als Werkzeug für den Planenden und Ausführenden entworfen und hat seine Tauglichkeit im besten Sinne bewiesen. Es erleichtert die gestaltende und detailierende Arbeit, ohne seine Bedingungen als Herstellungsinstrumentarium aufdringlich zu stellen. So dient es und nutzt es und fordert nur selten Bauart-spezifische Zwänge ein. Die konkreten, präzisen Problemlösungen haben sich in ihrer Auswahl als treffend und in ihrem Inhalt als richtig und vor allem als praktisch umsetzbar gezeigt.

»Holzrahmenbau Teil II« weitert das vorhandene Angebot an Problemlösungen erheblich, ohne das einfache Bildungsprinzip der Bauart zu verlassen. Auf das absolut Notwendige verdichtet werden in Teil II die Ergebnisse neuer Baustoff- und Bauteilprüfungen sowie industrieller Entwicklungen in das Bausystem integriert. Planen und Bauen geht damit genauso wie seit 1985, nur die Wahlmöglichkeiten sind größer geworden. Eine noch bessere und vielfältigere Anpassung an die Wünsche und Anliegen der Bauherren mit dem immer noch gleichen Werkzeug ist mit Teil II gegeben.

Eine innovative Baustoffindustrie hat durch Entwicklungs- und Forschungsarbeit die Voraussetzungen für den Teil II geschaffen. Nur die fruchtbare Zusammenarbeit zwischen Industrie und Zimmererhandwerk konnte zu der Beschränkung der Produktangaben auf das für die praktische Umsetzung notwendige Maß führen, sowie die Vergleichbarkeit der Angaben sicherstellen. Mögen diese neuen Möglichkeiten angenommen werden, um noch mehr gestalterischen Freiraum zu schaffen, die Wirtschaftlichkeit zu verbessern und die Qualität zu steigern.

Gerade die Architekturkritik durch die »Bauschadensdiskussion« erfordert verbindliche, zuverlässige Vorgaben, die einen Planungsrahmen geben. Nur Mut im Rahmen kann zu dauerhafter Architektur- und Wohnqualität führen. »Holzrahmenbau« ist ein bewährter Rahmen, der sicher begrenzt aber nicht einengt.

Als Bundesvorsitzender des Bundes Deutscher Zimmermeister im Zentralverband des Deutschen Baugewerbes danke ich im Namen des Vorstandes allen Personen, die an der Entstehung von »Holzrahmenbau Teil II« mitgewirkt haben. Besonderer Dank gilt den Firmen und Verbänden der Zuliefererindustrie des Zimmererhandwerks, die dieses Werk gefördert haben und sich im Interesse des Konstruktionssystems auf einen gemeinsamen Nenner – im wahrsten Sinne des Wortes – geeinigt haben. Dank gebührt Dipl.-Ing (FH) Klaus Fritzen, St. Augustin, der kompetent die Umsetzung der Angaben der Förderer in die Holzrahmenbau-Konzeption geleistet hat sowie für Redaktion und Layout verantwortlich zeichnet.

Bonn, im Dezember 1988
BUND DEUTSCHER ZIMMERMEISTER
im Zentralverband des Deutschen Baugewerbes

Günter Kuhs
Bundesvorsitzender

Anschriften der Förderer

Eternit AG
Postfach 11 06 20
1000 Berlin 11
Telefon: 0 30/34 85-0

Fels-Werke GmbH
Geheimrat-Ebert-Straße 12
3380 Goslar
Telefon: 0 53 21/7 03-1

HNT GmbH
Verbindungstechnik für Holz
Am Deverhafen 4
2990 Papenburg 1/Ems
Telefon: 0 49 61/8 40

Industriegruppe Gipskartonplatten
im Bundesverband der Gips- und
Gipsbauplatten-Industrie e.V.
Birkenweg 13
6100 Darmstadt
Telefon: 0 61 51/6 43 10

Industrieverband Bauchemie
und Holzschutzmittel e.V. (ibh)
Karlstraße 21
6000 Frankfurt/M.
Telefon: 0 69/2 55 63 18

Mafell-Maschinenfabrik
Rudolf Mey KG
Postfach (P.O.B.) 1180
7238 Oberndorf a.N. Aistaig
Telefon: 0 74 23/8 12-0

Paslode GmbH
Postfach 5725
Rudolf-Diesel-Straße 20b
6236 Eschborn O.T. Niederhöchststadt
Telefon: 0 61 73/60 08-0

Promat GmbH
Scheifenkamp 16
4030 Ratingen 1
Telefon: 0 21 02/4 93-0

Verband der Deutschen
Holzwerkstoffindustrie e.V.
Wilhelmstraße 25
6300 Gießen
Telefon: 06 41/7 40 96-97

Vereinigung Deutscher
Sägewerksverbände e.V.
Postfach 61 28
6200 Wiesbaden
Telefon: 0 61 21/30 00 20

Angaben der Förderer

Alle Angaben, die dem Verband oder Firmennamen eines Förderers unmittelbar zugeordnet sind, liegen in dessen Verantwortungsbereich. Gleichwohl kann sich ein Druckfehler eingeschlichen haben.
Die Förderer und der Herausgeber bitten daher den Benutzer, die authentischen Unterlagen bei den Förderern des Werkes anzufordern. Insbesondere bei bauaufsichtlich maßgebenden Daten wird dringend geraten, mit den Originalunterlagen wie z.B. Prüfzeugnis, bauaufsichtlich/baurechtlicher Zulassung usw. zu arbeiten.

I II
EINFÜHRUNG

Einführung

Holzrahmenbau Teil II dient zwei wesentlichen Zwecken

- der technischen Ergänzung und Vervollständigung von Holzrahmenbau, Teil I, durch Baustoffe, Bauteile und Konstruktionen, deren Eignung durch amtliche Bescheide und Zeugnisse außerhalb der Normung nachgewiesen ist,
- der Übersicht über die Produkte, die die Förderer des Gesamtwerkes für den Holzrahmenbau anbieten.

Die Notwendigkeit für Holzrahmenbau, Teil II, ergab sich daraus, daß nicht für alle Anforderungen, die mit dem Holzrahmenbau erfüllt werden können, Norm-Konstruktionen vorhanden oder geeignet sind. Weiterhin sollte dem Anwender des Buches über die rein technischen Informationen hinaus ein Überblick über Baustoffe und Bauteile gegeben werden, die sich für den Holzrahmenbau eignen, wirtschaftlichen Einsatz ermöglichen und am Markt verfügbar sind. Im jeweiligen Einzelfall kann so eine Auswahl getroffen werden, die preisgünstig die Bauvorschriften erfüllt und gleichzeitig den Vorstellungen des Bauherrn und einer technisch und ästhetisch guten Architektur Rechnung trägt. Außerdem wird durch den Teil II der Stand der Technik dokumentiert, der dem Stand der Normung vorauseilt. So konnte der Herausgeber nicht umhin, Firmen und Produkte zu benennen, um die jeweiligen Baustoffe und Bauteile zutreffend beschreiben zu können.

Damit einerseits ein Standardwerk zur Verfügung steht, das für eine längere Dauer Bestand und Gültigkeit hat, und andererseits eine aktuelle Technik- und Markt-Übersicht geboten schien, wurde die zweckmäßige Teilung in zwei Bände vorgenommen:

Holzrahmenbau Teil I für genormte Konstruktionen,
Teil II für firmenspezifische Angaben.

Daraus ergibt sich auch die Möglichkeit und das Vorhaben, den Teil II in kürzeren Zeitabständen unabhängig von Teil I zu überarbeiten und dem neuesten Stand anzupassen, ohne daß Teil I davon berührt wird.

Die Förderer des Werkes stellen in Holzrahmenbau Teil II ihre Produkte und deren Eigenschaften so dar, daß die Ordnung und Darstellungsweise — soweit möglich — wie in Teil I gehalten ist. Der Bezug zu Teil I und die Zuordnung zu diesem bleibt stets gewahrt, so daß, obschon zwei Bände, der inhaltliche Zusammenhang als eine Einheit gewährleistet ist.

Benutzung

Holzrahmenbau Teil I und Teil II gehören zusammen wie Pflicht und Kür. Der Teil I bildet die Grundlage für Entwurf, Planung und Ausführung, und durch die in Teil II gebotenen Variationen ergibt sich ein breites Spektrum von Möglichkeiten zur Erfüllung von Wünschen, Bedürfnissen und Anforderungen.

Systematik

Die Seiten sind oben rechts mit einer Zahlenfolge bezeichnet. Darin bedeuten

0.   1. Zahl (einstellig): Kapitel; siehe Inhaltsverzeichnis
00. 2. Zahl (zweistellig):
    1. Ziffer: Abschnitte z. B. Baustoffbeschreibung, Bauteilbeschreibung
    2. Ziffer: In Holzrahmenbau II:
    Den Baustoffhersteller:
    1 = Eternit
    2 = Fermacell
    3 = HNT
    4 = Industriegruppe Gipskartonplatten
    5 = Industrieverband Bauchemie und Holzschutzmittel
    6 = Mafell-Maschinenfabrik
    7 = Paslode
    8 = Verband der Deutschen Holzwerkstoffindustrie
    9 = Vereinigung Deutscher Sägewerksverbände

    2. Ziffer: In Holzrahmenbau I:
    laufende Nummer der Grobgliederung innerhalb der Kapitel

00. 3. Zahl (zweistellig): Seite zur zweiten Zahl
    Es ist zu beachten, daß im Kapitel 6 die Seite 60.00.01 an einigen Stellen fehlt und die Seitenbezeichnungen 60.00.01 und 60.00.02 einige Male auf 2 Seiten zu finden sind. Das beruht darauf, daß diesen Seiten immer die gleiche inhaltliche Aussage zugewiesen wurde und die jeweiligen Inhalte entweder nicht dargestellt zu werden brauchten oder den Umfang einer Seite überstiegen.

    Im Kapitel 6 gibt **.**.01 immer die Konstruktion an und **.**.02 liefert die Bauteildaten.

II   Gibt an, daß die Seite aus Holzrahmenbau Teil II ist.

2 II
BAUMETHODE, BAUSCHRITTE

Siehe Holzrahmenbau Teil I Kapitel 2

3 II
ÜBERSICHTEN ZUM ENTWURF

Siehe Holzrahmenbau Teil I Kapitel 3

4 II

SCHUTZMASSNAHMEN ÜBERSICHTEN TEIL II

Allgemeines über Schutzmaßnahmen siehe 4.10 Teil 1

Schutzmaßnahmen, Übersichten 4.20.01 II

Brandschutzkennwerte der dargestellten Bauteile

Im allgemeinen gilt die Feuerwiderstandsklasse eines Bauteiles nur dann, wenn alle zugehörigen aussteifenden Bauteile die gleiche Feuerwiderstandsklasse aufweisen. Bei Gebäudeabschlußwänden mit F 30-B von innen und F 90-B von außen genügt im allgemeinen F 30-B der anschließenden Bauteile zur Aussteifung von innen. 4.20.01 Teil I gibt zusammengefaßt weitere Hinweise zum Brandschutz.

Bauteil-Übersicht Brandschutz

Bauteil	Funktion	Feuerwiderstandsklasse	Baustoffklasse der Außenseite	Bauteil Nr.
Außenwände	tragend und aussteifend, raumabschließend (Breite, auch zwischen zwei Öffnungen B >= 1 m) Ständer für B < 1 m siehe Teil 1	F 30-B	siehe Teil I	Fermacell 6.12.02 II A, B, C
Gebäudeabschlußwände	tragend und aussteifend, raumabschließend	von außen: F 90-B von innen: F 30-B	A	Eternit 6.21.02 II A Fermacell 6.22.02 II A, B IGG, Knauf 6. 24.02 II A, B
Tragende Innenwände	tragend und aussteifend	raumabschließend		
		F 30-B	B1	Eternit 6.31.02 II u. 6.31.02 II B
		F 90-B	A	Fermacell 6.32.02 II C
		nicht raumabschließend		
		F 30-B	B1	Eternit 6.31.02 II u. 6.31.02 II A
			A	Fermacell 6.32.02 II A, B
Nichttragende Trennwände	nichttragend	F 30-B	A oder B	Fermacell Holz-UK 6.62.02 II A IGG, Gyproc Ausbauplatte 6.64.02 II A, B IGG, Knauf Paneel-Element 6.64.02 II A, B IGG, Rigips Riegelw. Met.-UK 6.64.02 II A, B, C VHI Holz-UK 6.68.02 II A, B, C
		F 30-A	A	Fermacell Metall-UK 6.62.02 II A, B HNT mit Fermacell 6.63.02 II A, C
		F 90-B	B	Eternit Holz-UK 6.61.02 II B
				IGG, Knauf Massivbauwand 6.64.02 II B, C
			A	Fermacell Holz-UK 6.64.02 II B, C
		F 90-AB	A	Eternit Metall-UK 6.61.02 II A

Schutzmaßnahmen, Übersichten 4.20.01 II

Bauteil	Funktion	Feuerwider- standsklasse	Baustoffklasse der Außenseite	Bauteil Nr.
		F 90-A	A	Fermacell Metall-UK 6.62.02 II C HNT mit Fermacell 6.63.02 II B
Geschoßdecken mit Decken- bekleidung	tragend und aussteifend	Brandbeanspruchung von oben und unten		
		F 30-B	A oder B	Eternit 6.71.02 II u. 6.71.02 II A Fermacell U-Bod., De.-Be. 6.72.02 II A, C IGG, Gyproc Ausbauplatte 6.74.02 II A Mineralf.-elem. 6.74.02 II A, B GYPperfekt 6.74.02 II A, B IGG, Knauf Unterboden 6.74.02 II A
		F 90-B	A	Fermacell U-Bo., De.-Be. 6.72.02 II B
Geschoßdecken mit teilweise od. ganz freiliegen- den Balken	tragend und aussteifend	F 30-B	A oder B	Eternit 6.71.02 II IGG, Knauf Unterboden 6.74.02 II B VHI, Wilhelmi Deckenbekl. 6.78.02 II A
Decken und Dächer mit Bekleidung	tragend	Brandbeanspruchung nur von unten		
		F 30-B		Eternit 6.71.02 II u. 6.71.02 II B IGG, Gyproc Ausbauplatte 6.74.02 II B Mineralf.-elem. 6.74.02 II C IGG, Knauf Paneel-Element 6.74.02 II A, B, C IGG, Rigips Wohnbauplatte 6.74.02 II A, B, C
Decken u. Dä- cher mit teilweise od. ganz freilie- genden Balken od. Sparren		F 30-B		Eternit 6.71.02 II VHI, Wilhelmi 6.78.02 II, B
Bauteil	Funktion	Feuerwider- standsklasse	Baustoffklasse der Außenseite	Bauteil Nr.

Schutzmaßnahmen, Übersichten 4.20.02 II

Schallschutzkennwerte der Bauteile

Die hier angegebenen Werte sind entsprechend den Bedingungen der Seiten 6.00.01 ff. der Teile I und II ermittelt. Die Übersicht dient einer schnellen Vorauswahl der Bauteile. Da die für die schalltechnische Beurteilung notwendige Berücksichtigung der Randbedingungen hier nicht im einzelnen dargestellt werden kann, sind für den jeweiligen Einzelfall die Werte anhand der »Bauteildatenblätter« (Seiten des Kapitels 6 mit der Endnummer ...02 II) und ggf. durch Rücksprache mit dem jeweiligen Hersteller oder Verband, von dem die Werte stammen, zu präzisieren.

Orientierungswerte sind in Klammern angegeben!

Bauteil	R'_w bewertetes Schalldämm-Maß	TSM Trittschallschutzmaß ohne weichfedernden Bodenbelag	TSM Trittschallschutzmaß mit Bodenbelag $V >= 26$ dB	Bauteil Nr.
Bezeichn.	dB	dB	dB	
Tragende Außenwände	siehe Teil I			Fermacell 6.12.02 II A, B, C
Gebäudeabschluß- wände	(60)			Eternit 6.21.02 II A
	62 66			Fermacell 6.22.02 II A 6.22.02 II B
	60 62			IGG, Knauf 6.24.02 II A 6.24.02 II B jeweils bei 5 cm Schalenabstand
Tragende Innenwände	(46)			Eternit 6.31.02 II A, B
	42 47			Fermacell 6.32.02 II A, B 6.32.02 II C
Nichttragende Trennwände	(46) (47)			Eternit 6.61.02 II A 6.61.02 II B
	42 46 47			Fermacell Holz-UK 6.62.02 II A 6.62.02 II B 6.62.02 II C
	44 47 47			Fermacell Metall-UK 6.62.02 II A 6.62.02 II B 6.62.02 II C
	37 37 41			HNT Sym-Wand 6.63.02 II A 6.63.02 II B 6.63.02 II C
	39 45 42			HNT GFB-Wand 6.63.02 II A 6.63.02 II B 6.63.02 II C
	38			IGG, Gyproc Ausbauplatte 6.64.02 II A
	35 / 37 43			IGG, Knauf Paneel-Element 6.64.02 II A 6.64.02 II B
	33 39 / 43 38 / 42 / 43			IGG, Knauf Massivbauwand 6.64.02 II A 6.64.02 II B 6.64.02 II C
	(37) 36 / 44 47			IGG, Rigips Wohnbauplatte 6.64.02 II A 6.64.02 II B 6.64.02 II C
	37 43 43 40 46 46			VHI Holz-UK 6.68.02 II A 6.68.02 II B 6.68.02 II C Metall-UK 6.68.02 II A 6.68.02 II B 6.68.02 II C

Schutzmaßnahmen, Übersichten 4.20.02 II

Bauteil	R'_w bewertetes Schalldämm-Maß	TSM Trittschallschutzmaß ohne weichfedernden Bodenbelag	TSM Trittschallschutzmaß mit Bodenbelag VM $\geq$ = 26 dB	Bauteil Nr.
Bezeichn.	dB	dB	dB	
Tragende Innenwände mit Trennfuge nach Teil I 6.31.08	54			Fermacell 6.32.02 II C
Nichttragende Trennwände mit Trennfuge nach Teil I 6.61.08 u. 6.62.08	54			Eternit 6.61.02 II B
	54			Fermacell Holz-UK 6.62.02 II C
	54			IGG, Rigips Wohnbauplatte 6.64.02 II C
Geschoßdecken	48	− 4	+ 3	Eternit 6.71.02 II A
	51 54 54	− 4 +17 +13	+ 3 +20 +20	Fermacell 6.72.02 II A 6.72.02 II B 6.72.02 II C
	siehe Teil I			IGG, Gyproc Ausbauplatte 6.74.02 II A
	$\geq$ 49 dB $\geq$ 57 dB	— Werte v. Teil I + ca. 3 dB		IGG, Gyproc Mineralfaserelem. 6.74.02 II A 6.74.02 II B
	51 54 je nach Massivdecke	+ 1 + 2 VM = 21 dB Beton 14 cm $\geq$ 7 dB		IGG, Gyproc Trockenunterboden 6.74.02 II A 6.74.02 II B 6.74.02 II C
	57 50 bei 50 kg/m je nach Massivdecke	+10 − 2 25 kg/m + 3 50 kg/m + 7 75 kg/m +12 100 kg/m VM = 20/24 dB	(+16) (+ 4) (+ 9) (+13) (+18)	IGG, Knauf Trockenunterboden 6.74.02 II A 6.74.02 II B 6.74.02 II C
	44 53 53 57 57 57 57	− 8 − 2 + 3 + 3 + 5 + 9 +14	+ 3 + 9 +14 + 9 +11 +15 +21	IGG, Knauf Federschienen 6.74.02 II A 6.74.02 II B 6.74.02 II C 6.74.02 II D 6.74.02 II E 6.74.02 II F 6.74.02 II G
	siehe Teil I	siehe Teil I	siehe Teil I	VI II, Wilhelmi 6.78.02 II A
Dächer	(51)			Eternit 6.71.02 II B
	(35–40)			IGG, Gyproc Ausbauplatte 6.74.02 II B
	47–50 je nach Dachaufbau			IGG, Gyproc Mineralfaserelem. 6.74.02 II C
	je nach Dachaufbau			IGG, Knauf Paneel-Element 6.74.02 II
	je nach Dachaufbau			IGG, Rigips Wohnbauplatte 6.74.02 II
	(51)			VHI, Wilhelmi 6.78.02 II B

Wärmeschutz
Werte der Bauteile; Anforderungen

Die Tabellenwerte gelten für:
- Dämmstoffe der Wärmeleitfähigkeitsgruppe 040
- Flächenanteile des Holzwerkes
  - bei tragenden Wänden 20%
  - bei nichttragenden Trennwänden mit Holz-Unterkonstruktion 15%
  - bei Decken und Dächern ein realistischer Anteil von Holztragwerk und Unterkonstruktion
- Fenster mit $k_F = 3$ W/(m²K) und $a = 2{,}0$ (Fugendurchlaßkoeffizient)
- Anforderungen an den Wärmeschutz nach Wärmeschutz-Verordnung (WSVO) Anlage 1 Abschnitt 2, Ausgabe 1984

Bauteil	Wärmedurchgangs-koeffizient des Bauteils W/(m²K) Ausführung			höchst zulässiger k-Wert nach WSVO »Bauteilverfahren« W/(m²K)	Bauteil Nr.
	A	B	C		
Außenwände	siehe Teil I 6.11. bis 6.16			gegen Außenluft $k_{m,\,W+F} \leq 1{,}2$ zulässigen Fensteranteil siehe Teil I 6.20.06	Fermacell 6.12.02 II
Gebäudeabschlußwände	0,38	–	–	gegen nicht beheizte Räume 0,55	Eternit 6.21.02 II
	0,38	0,29	–		Fermacell 6.22.02 II
	0,36	0,35	–		IGG, Knauf 6.24.02 II
Tragende Innenwände	mit Mineralfaser $d \geq 60$ mm: $< 0{,}52$				Eternit 6.31.02 II (Wände analog DIN 4102)
	0,51	0,40	–		Eternit 6.31.02 II
	0,48	0,46	0,48		Fermacell 6.32.02 II
Nichttragende Trennwände	0,53	0,48	–		Eternit 6.61.02 II
	0,44	0,44	0,48		Fermacell Holz-UK 6.62.02 II
	0,50	0,50	0,49		Fermacell Metall-UK 6.62.02 II
	–	0,46	0,46		HNT Sym-Wand 6.63.02 II
	0,50	0,48	0,50		HNT GFB-, Sym-Wand 6.63.02 II
	0,53	–	–		IGG, Gyproc Ausbauplatte 6.64.02 II
	0,53	0,53	–		IGG, Knauf Paneel-Element 6.64.02 II
	–	0,48	0,48		IGG, Knauf Massivbauwand 6.64.02 II
	0,53	0,53	0,43		IGG, Rigips Riegelwand 6.64.02 II
	0,42	0,40	0,40		VHI Holz-UK 6.68.02 II
	0,49	0,47	0,47		VHI Metall-UK 6.68.02 II
Decken, Dächer	grundsätzlich sind alle Decken und Dächer des Kapitels 7 II zur Erfüllung eines k-Wertes $\leq 0{,}30$ W/(m²K) in der Lage. Es wird eine Dämmstoffdicke von insgesamt $d \geq 12$ cm empfohlen. Angegebene Werte im Kapitel 7 II beziehen sich immer auf die dargestellte Konstruktion, die Angaben zu den Decken in Teil I Kapitel 7 geben ebenfalls eine gute Orientierung.				

Die Angaben zum Feuchteschutz des Teils I sind unbedingt zu beachten!

Schutzmaßnahmen, Übersichten 4.20.04 II

Holzschutz

Vorschriften
Landesbauordnungen, Durchführungs- bzw. Ausführungsverordnungen, DIN 68800 Teil 1 bis Teil 5, **Muster für einen Einführungserlaß zur DIN 68800 Teil 3 des Instituts für Bautechnik, Berlin (Aug. 1986) und die dadurch erfolgten Einführungserlasse in den Bundesländern.**

Vorbeugende bauliche Maßnahmen

Holzfeuchte
Trockenes Holz einbauen, Holzfeuchte $u_m \leq 18\%$
Holzwerkstoffe mit $u_m \leq 13\%$ einbauen
Holz und Holzwerkstoffe vor Feuchteaufnahme während der Bauzustände schützen

Konstruktion
Niederschläge von tragenden Holzbauteilen fernhalten.
Bei Außenwandbekleidungen aus Holz für schnellen Ablauf des Wassers sorgen.
Wo möglich große Dachüberstände vorsehen.
Angegebene Sockelhöhen (siehe Teil I) einhalten.
Feuchteübertragung aus anschließenden Bauteilen verhindern.
Tauwasserschutz sicherstellen, Angaben des Kapitel 6 unbedingt einhalten, insbesondere auf Winddichtigkeit der Konstruktionen auch an An- und Abschlüssen achten.
Vorgeschriebene Holzwerkstoffklassen verwenden.
Hinterlüftungen planmäßig ausführen, Be- und Entlüftungsöffnungen freihalten.

Chemischer Holzschutz

Holzschutzmittel
Für tragende und aussteifende Bauteile ausschließlich Holzmittel verwenden, die ein gültiges Prüfzeichen des Instituts für Bautechnik (IfBt), Berlin, haben. (Siehe jährlich erscheinendes »Holzschutzmittelverzeichnis« des IfBt.)

Grundlage
Hier wird das Muster für einen Einführungserlaß zur DIN 68800 Teil 3 (siehe oben) zugrunde gelegt.
Im Einzelfall ist zu prüfen ob die Einführung in dem jeweiligen Bundesland erfolgte und ggf. ob das Muster unverändert übernommen wurde! Die folgenden Angaben beschränken sich auf Holzhäuser in Holzrahmenbauart und deren Bauteile!

Erforderlicher chemischer Holzschutz
- Tragende Vollholz- oder Brettschichtholzteile in Außenwänden
- Tragende Vollholz- oder Brettschichtholzteile in Innenwänden und Decken, wenn sie sich im oder unter dem Dusch- oder Wannenbereich befinden
- Bauteile, die vor Niederschlägen geschützt im Freien eingebaut sind
- Decken unter nicht ausgebauten Dachgeschossen, wenn Undichtigkeiten des Daches unmittelbar zu einer Befeuchtung der Decke führen, z. B. wenn kein Unterdach oder keine Unterspannbahn vorhanden ist

mindestens I_v (Insekten vorbeugend), P (vorbeugend gegen Pilze)

Kein chemischer Holzschutz erforderlich
- Tragende Vollholz- oder Brettschichtholzteile in Wohnräumen oder Räumen mit vergleichbaren Klimaverhältnissen, wenn die Holzteile:
- beim Einbau eine Feuchte von $u_m \leq 18\%$ haben
- die zu erwartende Ausgleichsfeuchte im Gebrauchszustand $u_m \leq 18\%$ beträgt (bei Wohngebäuden im allgemeinen gegeben); **Ausnahme: Dusch- und Wannenbereich siehe oben!**
- an 3 oder 4 Seiten zum Raum hin offen und damit kontrollierbar sind oder
- gegen Insektenbefall durch eine geeignete Bekleidung geschützt sind, hierfür geeignet sind z. B. Gipswerkstoffplatten, Holzspanplatten u. ä.

Bei allen nichttragenden Bauteilen ist **kein** chemischer Holzschutz erforderlich!
Die Gefahr von Insektenbefall besteht bei **trockenen** Hölzern im allgemeinen nur bei bestimmten Laubhölzern.

Verzicht auf erforderlichen chemischen Holzschutz
entgegen der in Teil I auf Seite 4.20.08 vertretenen Meinung nur mit Zustimmung der Bauaufsichtsbehörde zulässig

Chemischer Holzschutz zur Verbesserung der Dauerhaftigkeit
Siehe Holzrahmenbau Teil I Seiten 4.10.06 und 4.10.07 und insbesondere Teil II Seiten 5.25.01 II ff.

5 II
BAUSTOFFE

Baustoffe Allgemeines 5.10.01 II

Baustoffe in Holzrahmenbau Teil II

Im Holzrahmenbau Teil II sind Angaben über Baustoffe, die von den Förderern des Werkes hergestellt werden, zusammengestellt:

- Genormte Baustoffe, die in Teil I beschrieben sind, mit der genauen Bezeichnung, dem Markennamen und Herstelleranschrift

- Bauaufsichtlich zugelassene Baustoffe mit den wichtigen Eigenschaften und Angabe der Zulassungs-Nr., dem Markennamen und der Herstelleranschrift

- Nichtgenormte, nicht zulassungspflichtige Baustoffe, die für die Verwendung im Holzrahmenbau Bedeutung haben.

Die Auswahl der zusammengestellten Baustoffe wurde in enger Zusammenarbeit zwischen Förderern und Herausgeber so getroffen, daß die aufgeführten Baustoffe für den Holzrahmenbau geeignet und einsetzbar sind, wobei die letztendliche Entscheidung bei den Förderern lag. Die vorliegende Zusammenstellung beschränkt sich auf die wesentlichen Angaben und verzichtet auf Wiederholungen von bereits in Holzrahmenbau Teil I Behandeltem. Die übersichtliche Darstellung soll die Möglichkeit geben, Baustoffe für die aktuelle Bauaufgabe gezielt auswählen zu können und direkt weitere spezifische Informationen bei dem jeweiligen Hersteller einholen zu können.

Baustoffe — Eternit 5.21.01 II

Zementgebundene Holzspanplatte Duripanel

Genaue Bezeichnung	DURIPANEL, zementgebundene Holzspanplatte
Bestandteile	63,5% Holzspäne, 25% Zement, 10% gebundenes Wasser, 1,5% Neutralisierungsstoffe
Gütegrundlage	Eigenüberwachung und Fremdüberwachung
Kennzeichnung	Überwachungszeichen ü, fremdüberwachende Stelle, Zulassungsnummer, Materialdicke, Datum, Herstellwerk
Zulassungsbescheid	Z 9.1 – 120
Baustoffklasse nach DIN 4102 Teil 1	B1 (schwerentflammbar)
Rohdicke	1000 bis 1300 kg/m^3
Rechenwerte	Eigenlast 15 kN/m^3, zulässige Spannung: Biegung rechtwinklig zur Plattenebene zul σ Bx, y = 1,8 MN/m^2 (soweit für den Holzrahmenbau wichtig) Biegung in der Plattenebene zul σ Bx, z = 1,8 MN/m^2 Zug in Plattenebene zul σ Zx, = 0,8 MN/m^2
Verarbeitung	nach den Angaben im Zulassungsbescheid sowie den anwendungstechnischen Hinweisen des Herstellers
Besondere Eigenschaften	– nässebeständig – frostbeständig nach DIN 52104 – kein zerstörender Pilz- bzw. Insektenbefall – schwer entflammbar
Bindemittel	Zement
Allgemein	– holzähnlich mit hartmetallbestückten Werkzeugen zu bearbeiten
Hersteller	ETERNIT AKTIENGESELLSCHAFT Postfach 11 06 20 1000 Berlin 11 Telefon 0 30 / 34 85-0 Telex 181 221 Telefax 0 30 / 34 85-3 19
Lieferantennachweis und weiteres Informationsmaterial	Cemtac GmbH Stollbergerstr. 6 8000 München 22 Telefon 0 89 / 29 94 00 Telex 897 928 Telefax 0 89 / 22 19 20

Abmessungen von DURIPANEL

Hersteller-Nachweis	Produktbezeichnung	Kurzzeichen		Dicke	Format mm	
Z 9.1 – 120		Baustoff-Klasse B1	Standardmaterial ungeschliffen	8, 16, 24, 10, 18, 28, 12, 20, 32, 40	1250 x 2600/ 3100	
ETERNIT AG	DURIPANEL		Fußbodenverlegeplatte	18, 22, 25, 29 geschliffen Nut/Feder beidseitig grundiert	1250 x 625	
			Deckenplatte	10, Kanten gefast	620 x 620	
		Baustoff-Klasse B1	Standardmaterial, geschliffen	8, 18, 29, 10, 22, 36, 16, 25	1250 x 2600/ 3100	

Sonderbehandlung: werkseitiges Grundieren der Platte mit Epoxy-Emulsion

Zubehör: selbstbohrende Schrauben und Kleber für Trocken- oder Feuchtbereich. Beschichtungsmaterialien.

Baustoffe	Fermacell 5.22.01 II

Gipsfaserplatte Fermacell

Genaue Bezeichnung	FERMACELL-Gipsfaserplatte	Kennzeichnung	nach Zulassungs- bzw. Prüfbescheid Nr., Plattendichte, Herstellwerk, einheitliche Überwachungszeichen
Bestandteile	Gips und Cellulosefasern		
Gütegrundlage	Eigenüberwachung und Fremdüberwachung		
Rohdichte	1.120 – 1.250 kg/m^3	Verarbeitung	nach Herstellerrichtlinien und Zulassungen bzw. Prüfungszeugnissen
Baustoffklasse nach DIN 4102, Teil 1 und 4	A 2 mit gültigem Prüfbescheid PA III 4.6	Lieferantennachweis und weiteres Informationsmaterial	FELS-Werke GmbH Geheimrat-Ebert-Straße 12 3380 Goslar Telefon 0 53 21 / 7 03-1

Baustoffe Fermacell 5.22.02 II

Abmessungen von FERMACELL		
Länge (mm)	Breite (mm)	Dicke (mm)
2000 2500 2540 2750 3000	1245 1249 1)	10 12,5 15 18
1500	1000	10 12,5
Alle Formate 2)		10 12,5
bis 6000	bis 2540	15

1) Für Klebefuge
2) Auf Anfrage

Abmessungen von FERMACELL-Estrich-Elementen		
Länge x Breite in mm 1500 x 500 (deckend)		
Kurzbezeichnung	Dicke (mm)	Schichten (FC = FERMACELL) (PS = Polystyrol-Hartschaum)
FEE 20	20	2 x 10 mm FC
FEE 25	25	2 x 12,5 mm FC
FEE MW 30	30	2 x 10 mm FC 10/12 mm Mineralfaser
FEE 40	40	2 x 10 mm FC 20 mm PS 20 SE
FEE 40	40	2 x 10 mm FC 20 mm PS 20 SE

Abmessungen von FERMACELL-Verbundplatten		
Länge x Breite in mm 1500 x 1000		
Kurzbezeichnung	Dicke (mm)	Schichten (FC = FERMACELL) (PS = Polystyrol-Hartschaum)
FVP 25	25	10 mm FC 15 mm PS 15 SE
FVP 30	30	10 mm FC 20 mm PS 15 SE
FVP 40	40	10 mm FC 30 mm PS 15 SE
FVP 50	50	10 mm FC 40 mm PS 15 SE
FVP 60	60	10 mm FC 50 mm PS 15 SE

FERMACELL – Zubehör

Baustoffe HNT 5.23.01 II

Brügmann Profilholz, oberflächenvergütet
Brügmann Abschlußleisten, oberflächenvergütet

Genaue Bezeichnung:	Brügmann Profilholz oberflächenvergütet, Profilform (Profil II nach DIN 68126, Teil 1, Profil 5 mit runder Kante); Stabform (Endlosprofil und Profilstab mit stirnseitiger Nut und Feder, Profilleisten), Dicke x Breite x Länge in mm, Holzart (siehe 5.30.06 II)
Bestandteile:	Vollholz, Lack.
Gütegrundlage:	Vornorm DIN 68126 Teil 3, Werkssortierung, gütegeprüft, güteüberwacht durch Fraunhofer-Institut für Holzforschung, Braunschweig
Kennzeichnung:	Hersteller-Kurzbezeichnung
Baustoffklasse nach DIN 4102 Teil 4:	B 2 (normalentflammbar)
Rohdichte:	Nach DIN 1055 Teil 1 Lastannahmen
Berechnungsgewicht:	Nach DIN 1055 Teil 1 Nadelholz 4 v 6 kN/m^3 Laubholz 6 v 8 kN/m^3
Verarbeitung:	DIN 4103 Teil 4 „Nichttragende innere Trennwände in Holzbauart"; DIN 18168 „Leichte Deckenbekleidungen und Unterdecken"; Handwerksregeln.
Besondere Eigenschaften:	Oberflächenfertig, güteüberwacht.
Lieferantennachweis und weiteres Informationsmaterial	HNT GmbH Verbindungstechnik für Holz Am Deverhafen 4 2990 Papenburg 1/Ems Tel.: 0 49 61 / 8 40
Produktübersicht	siehe Seiten ff.

Baustoffe

**Brügmann Massivholzdielen, naturbelassen,
Brügmann Profilleisten, naturbelassen**

Genaue Bezeichnung:	Brügmann Massivholzdielen, naturbelassen, Profilform (gespundete Bretter nach DIN 4072, Sonderform mit rundum Nut und Feder), Profilleisten nach Werksnorm, Dicke x Breite x Länge in mm, Holzart
Bestandteile:	Vollholz
Gütegrundlage:	Vornorm DIN 68126 Teil 3, Werkssortierung
Kennzeichnung:	Hersteller-Kurzbezeichnung
Baustoffklasse nach DIN 4102 Teil 4:	B 2 (normalentflammbar)
Rohdichte:	Nach DIN 1055 Teil 1
Berechnungsgewicht:	Nach DIN 1055 Teil 1: 4 v 6 kN/m³
Verarbeitung:	Handwerksregeln
Besondere Eigenschaften:	Holzfeuchte 9 % (+/− 2 %), dem Raumklima angepaßt.
Lieferantennachweis und weiteres Informationsmaterial:	HNT GmbH Verbindungstechnik für Holz Am Deverhaven 4 2990 Papenburg 1/Ems Tel.: 0 49 61 / 8 40
Produktübersicht	siehe Seiten ff.

Baustoffe HNT 5.23.03 II

Brügmann Profil II, oberflächenvergütet

Maße in mm

Holzart	Profilholz in Standardlängen	Endlosprofile, stirnseitig Nut und Feder, 550, 850, 1150, 1450 lang
Fichte	9,5 x 96 12,5 x 96 12,5 x 146 14 x 96 19,5 x 96	12,5 x 96 14 x 96
Kiefer astrein Kiefer kinästig Kiefer astig Kiefer astig	10 x 96 10 x 96 12,5 x 96 12,5 x 146	12,5 x 96
Hemlock Flats	11 x 92	11 x 92
Kanadische Rot-Zeder	11 x 94 13 x 94	11 x 94 13 x 94
Redpine	11 x 94	11 x 94
Ramin	11 x 92	
Cypresse	10 x 94	
Sitka-Spruce-Rifts	13 x 94	13 x 94
Koto	12,5 x 94	12,5 x 94

Brügmann Profil V, oberflächenvergütet

Maße in mm

Holzart	Profilholz in Standardlängen	Endlosprofile, stirnseitig Nut und Feder, 550, 850, 1150, 1450 lang
Fichte	12,5 x 121 14 x 121 14 x 146 14 x 121	12,5 x 121 14 x 121 14 x 146
Kiefer astig	18 x 146 14 x 146 18 x 146	18 x 146
Hemlock Flats	13 x 140 18 x 140	13 x 140 18 x 140
Hemlock Rifts	13 x 94	13 x 94
Kanadische Rot-Zeder	13 x 144 18 x 144	13 x 144 18 x 144
Oregonpine Rifts	13 x 94	13 x 94
Oregonpine Flats	13 x 144	13 x 144
Koto	13 x 144	13 x 144
Sitka-Spruce	13 x 94 13 x 144	13 x 94 13 x 144

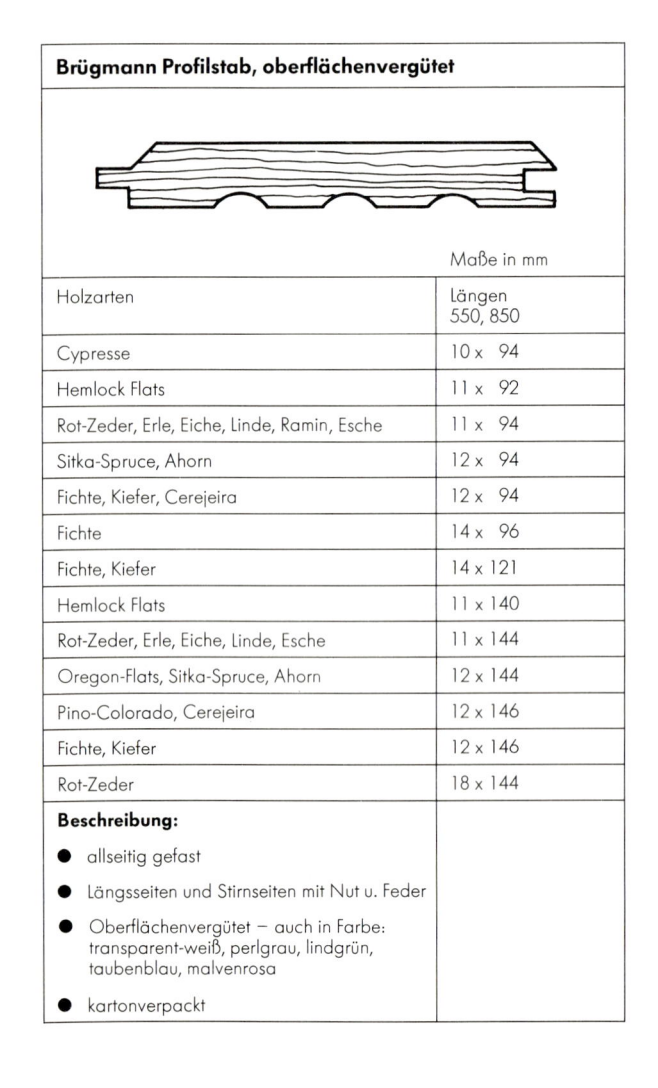

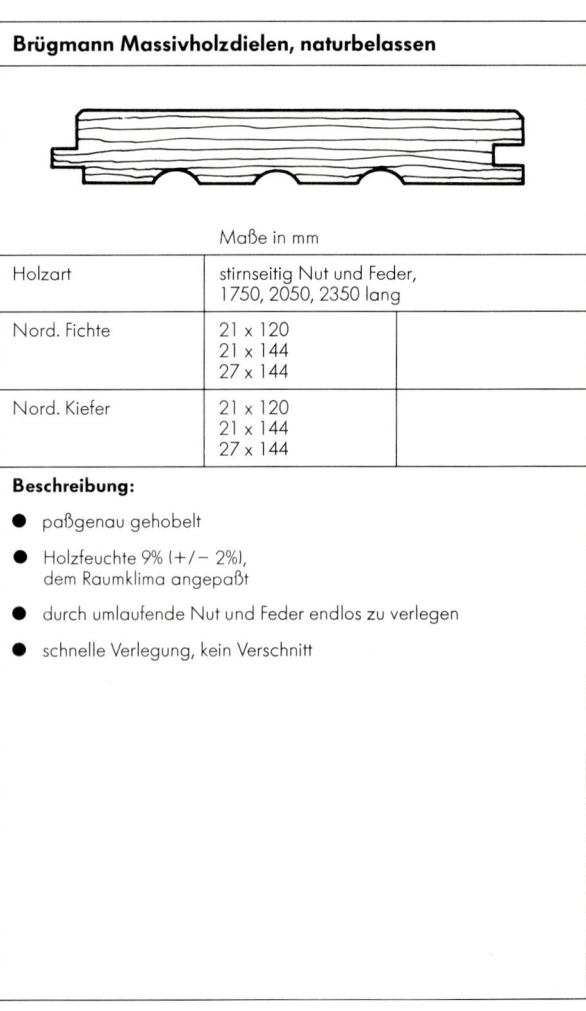

Brügmann Profilstab, oberflächenvergütet

Maße in mm

Holzarten	Längen 550, 850
Cypresse	10 x 94
Hemlock Flats	11 x 92
Rot-Zeder, Erle, Eiche, Linde, Ramin, Esche	11 x 94
Sitka-Spruce, Ahorn	12 x 94
Fichte, Kiefer, Cerejeira	12 x 94
Fichte	14 x 96
Fichte, Kiefer	14 x 121
Hemlock Flats	11 x 140
Rot-Zeder, Erle, Eiche, Linde, Esche	11 x 144
Oregon-Flats, Sitka-Spruce, Ahorn	12 x 144
Pino-Colorado, Cerejeira	12 x 146
Fichte, Kiefer	12 x 146
Rot-Zeder	18 x 144

Beschreibung:
- allseitig gefast
- Längsseiten und Stirnseiten mit Nut u. Feder
- Oberflächenvergütet – auch in Farbe: transparent-weiß, perlgrau, lindgrün, taubenblau, malvenrosa
- kartonverpackt

Brügmann Massivholzdielen, naturbelassen

Maße in mm

Holzart	stirnseitig Nut und Feder, 1750, 2050, 2350 lang
Nord. Fichte	21 x 120 21 x 144 27 x 144
Nord. Kiefer	21 x 120 21 x 144 27 x 144

Beschreibung:
- paßgenau gehobelt
- Holzfeuchte 9% (+/– 2%), dem Raumklima angepaßt
- durch umlaufende Nut und Feder endlos zu verlegen
- schnelle Verlegung, kein Verschnitt

Baustoffe　　　　　　　　　　　　　　　　　　　　　　　　　HNT 5.23.04

Brügmann-Profilleisten, naturbelassen

Sorte	Holzart	Abmessung mm	Querschnitt
Vierkantleisten	Kiefer	20 x 47	
Quadratstäbe	Kiefer	14 x 14 20 x 20	
Eckwinkelleisten	Kiefer	14 x 14 18 x 18 22 x 22	

Lieferantennachweis, Informationsmaterial:
HNT GmbH, Verbindungstechnik für Holz, Am Deverhafen 4, 2990 Papenburg

Brügmann-Abschlußleisten, oberflächenvergütet

Sorte	Holzart	Abmessung mm	Querschnitt
Profil 736	wie Profilholz Blatt 5.23.03 II	15 x 33	
Profil 740 rückseitig mit Nut für Wechselbefestigung	wie Profilholz Blatt 5.23.03 II	20 x 45	
Fuß- und Sockelleiste für Massivholzdielen	Kiefer oberflächenvergütet oder naturbelassen	18 x 95	• Rückseite mit Tockennut • Auskehlung für Kabelverlegung • passend zu Massivholzdielen Blatt 5.23.03 II

Baustoffe

IGG, 5.24.01 II

Industriegruppe Gipskartonplatten
im Bundesverband der Gips- und
Gipsbauplatten-Industrie e.V.
Birkenweg 13
6100 Darmstadt
Telefon 0 61 51 / 6 43 10

Gipskartonplatten
(Baustoffbeschreibung siehe Teil I, Seiten 5.10.01 und 5.20.03)

Hersteller	Produkt-bezeichnung	Kurz-zeichen	Dicke mm	Format Breite x Länge cm x cm	Nachweis
Gipskartonplatten					
Industriegruppe Gipskartonplatten (IGG, Anschriften siehe unten)	Gipskartonplatten	GKB	9,5 12,5 15 18	125 x 200 bis 350	DIN 18180 DIN 4102
		GKF	12,5 15 18	125 x 200 bis 300	
		GKBI/ GKFI	12,5 15	125 x 250 125 x 300	
		GKP	9,5	40 x 200	
SONDERPLATTEN					
Industriegruppe Gipskartonplatte (IGG, Anschriften siehe unten)	Ausbauplatte	---	10	90 x 130 100 x 150	DIN 4102
	Verbundplatte PS – GK 12,5 mm		30 32,5 40 42,5 52,5 62,5 72,5 92,5	125 x 250 125 x 260	DIN 18184 DIN 4102
	– GK 10,0 mm *1)		30	90 x 130 100 x 150	DIN 4102
	– GK 9,5 mm *1)		29,5 39,5	125 x 250 125 x 260	DIN 4102 DIN 18184
	Verbundplatte MF *1)	---	32,5 42,5 52,5 62,5	90 x 200 bis 260	DIN 4102
Danogips	Deckenkassetten	Pin Up *3)	9,5 12,5	40 x 60 30 x 120	
Gyproc	Montageboden Gyp-perfect	---	20	62,5 x 160	
Norgips	Verbundplatte MF		35 60 *2)	60 x 260 120 x 260	
	Verbundplatte PU		30 – 60	120 x 260	
	Multi / Element	M/E G 80	80	240 x 60 bis 840	
		M/E T 80	80	240 x 360 bis 840	
		M/E T 100		240 x 360 bis 840	
		M/E TS 100		240 x 360 bis 840	
		M/ET 125		240 x 360 bis 840	
Knauf	Paneelelement	---	20,0	60 x 200 60 x 260	
	Trockenunterboden-Element	---	25 45 55	60 x 200	
	Massivbauplatte	---	25	625 x 2000/2600	
Rigips	Wohnbauplatte	---	20	60 x 200 bis 300	

Zubehör; Ansetzgips nach DIN 1168, Fugengips nach DIN 1168
Metallprofile für Unterkonstruktion (DIN 189 182, Teil 1); Schnellbauschrauben (DIN 18 182, Teil 2);
Klammern (DIN 18 182, Teil 3);
Nägel (DIN 18 182, Teil 4); Bewehrungsstreifen
*1) = Wird nicht von allen IGG-Mitgliedern hergestellt
*2) = mit Dampfsperre
*3) = auch mit fertiger Oberflächenbeschichtung

Anschriften der Hersteller (alphabetisch)

DANOGIPS GMBH
Schießstraße 55
4000 Düsseldorf 11
Tel. (02 11) 59 30 08
Teletex (02 11) 45 99
Telefax (02 11) 5 96 13 12

GYPROC GMBH
Berliner Allee 56
4000 Düsseldorf 1
Tel. (02 11) 3 84 15-0
Telex 8 587 213
Telefax (02 11) 3 84 15 11

GEBR. KNAUF
WESTDEUTSCHE GIPSWERKE
Postfach
8715 Iphofen
Tel. (0 93 23) 31-0
Telex 6 893 000
Telefax (0 93 23) 31-2 77

NORGIPS
GIPSKARTONPLATTEN DIN 18180
NORGIPS GMBH
Kurt-Schumacher-Str. 25
3500 Kassel
Tel. (05 61) 77 70 61
Telex 9·92 350 ngips d
Telefax (05 61) 77 70 60

RIGIPS GMBH
Postfach 1229
3452 Bodenwerder
Tel. (0 55 33) 7 11
Telex 0 965 394/95

Baustoffe

Chemischer Holzschutz

In Holzrahmenbau I werden auf den Seiten 4.10.04 bis 4.10.07 und 4.20.08 allgemeine Hinweise und grundsätzliche Regelungen angegeben. Grundlage hierfür war DIN 68 800, Teil 3 „Holzschutz im Hochbau; Vorbeugender chemischer Schutz von Vollholz", Ausgabe Mai 1981.

Das Institut für Bautechnik, Berlin, hat im August 1986 einen Vorschlag für einen Einführungserlaß an die Bundesländer gegeben, in dem wesentliche Abweichungen von DIN 68 800, Teil 3, Ausgabe 1981, enthalten sind. Im jeweiligen Bundesland ist zu prüfen, ob diese Änderungen bereits per Erlaß bauaufsichtlich eingeführt sind. In den nachfolgenden Tabellen ist der Vorschlag für den Einführungserlaß bereits berücksichtigt. In der 2. überarbeiteten Auflage von Holzrahmenbau, Teil I, sind die Abschnitte und Angaben zum Holzschutz entsprechend dem Vorschlag geändert.

Bauteil	Schutz			Produkt-Kenn-Nr.	
	vorgeschrieben	Vorschrift	empfohlen	vorgeschrieben	empfohlen
TRAGENDE WÄNDE					
– Tragende Hölzer in Außenwänden – Stützen im überdachten Außenbereich	Insektenvorbeugend (Iv) vorbeugend gegen Pilze (P)	DIN 68 800		1,2	–
– Tragende Hölzer in Innenwänden mit allseitiger Wandbekleidung aus Gipskartonplatten, Spanplatten u. ä. – Allseitig mit Gipskartonplatten, Spanplatten o. ä. bekleidete Stützen	kein chemischer Holzschutz	Vorschlag für einen Einführungserlaß	Insektenvorbeugend (Iv)	–	3
– Tragende Hölzer in Innenwänden von Bädern, Küchen bei allseitiger Bekleidung mit Gipskartonplatten, Spanplatten u. ä. und Schutz vor Eindringen von Feuchtigkeit.	kein chemischer Holzschutz	Vorschlag für einen Einführungserlaß 8/1986	Insektenvorbeugend (Iv) vorbeugend gegen Pilze (P)	–	1,2
– Tragende Hölzer in Innenwänden ohne schützende Bekleidung gegen Insekten	Insektenvorbeugend (Iv)	DIN 68 800		3	
– Stützen an drei oder vier Seiten zum Raum hin offen und kontrollierbar	kein chemischer Holzschutz	Vorschlag für einen Einführungserlaß 8/1986	Insektenvorbeugend (Iv)	–	3
DECKEN					
– Balken und Unterzüge, Pfetten mit oder ohne Bekleidung im überdachten Außenbereich	Insektenvorbeugend (Iv) vorbeugend gegen Pilze (P)	DIN 68 800		1,2	
– Decken mit oberer Schalung aus Spanplatten und Deckenbekleidung aus Spanplatten, Gipskartonplatten u. ä.	kein chemischer Holzschutz	Vorschlag für einen Einführungserlaß 8/1986	Insektenvorbeugend (Iv)	–	1,2
– Deckenbalken und Unterzüge drei- oder vierseitig offen und damit kontrollierbar				–	3
– Unterkonstruktionen für Deckenbekleidungen bei Decken mit oberer Schalung aus Spanplatten und Bekleidungen aus Spanplatten, Gipskartonplatten u. ä.	kein chemischer Holzschutz	Vorschlag für einen Einführungserlaß 8/1986	Insektenvorbeugend (Iv)	–	2

Baustoffe

Bauteil	Schutz			Produkt-Kenn-Nr.	
	vorgeschrieben	Vorschrift	empfohlen	vorgeschrieben	empfohlen
– Unterkonstruktionen für Deckenbekleidungen mit Holzdeckenschalung oder Holzbekleidung	Insektenvorbeugend (Iv)	DIN 18168 und DIN 68800		2	–
– Nichttragende Holzständerwände	kein chemischer Holzschutz		Insektenvorbeugend (Iv)	–	1,2
– Unterkonstruktionen in Duschen, Bädern, Feuchträumen	kein chemischer Holzschutz		Insektenvorbeugend (Iv) und gegen Pilze vorbeugend (P)	–	2
– Außenschalung – als Deckelschalung – als Nut- und Federschalung	kein chemischer Holzschutz		Insektenvorbeugend (Iv) und gegen Pilze vorbeugend (P) sowie gegen Bläuepilze; Wetterschutzmittel	–	4,6
– Holzschindeln als Außenbekleidung	kein chemischer Holzschutz		"	–	4,6
– Innenbekleidung an Decken und Wänden	kein chemischer Holzschutz		Holzveredelungsmittel	–	5
– Holzschindeln als Innenbekleidung	kein chemischer Holzschutz		Holzveredelungsmittel	–	5
– Innenbekleidung im Spritzwasserbereich (Duschen)	kein chemischer Holzschutz		vorbeugend gegen Pilze und Bläuepilze; Holzveredelungsmittel	–	3,5
– Maßhaltige Bauteile im Außenbereich wie Fenster, Haustüren usw.	vorbeugend gegen Pilze, Bläueschutz		vorbeugend gegen Pilze und Bläuepilze; Wetterschutzmittel	–	4,7
– Maßhaltige Bauteile im Innenbereich wie Blockzargen, Fensterbänke usw.	kein chemischer Holzschutz		Holzveredelungsmittel	–	5

Baustoffe

ibh 5.25.03 II

Industrieverband Bauchemie
und Holzschutzmittel e.V. (ibH)
Karlstraße 21
6000 Frankfurt/M.
Telefon 0 69 / 2 55 63 18

PRODUKTÜBERSICHT ibh

Firma und Adresse	Kenn-Nr. für Einsatzbereich laut Tabelle 5.25.01 II	Lieferprogramm	
		Bezeichnung	Produktname
DESOWAG Materialschutz GmbH Roßstraße 76 4000 Düsseldorf 30 Telefon 02 11 / 45 67-0	1	Wasserlösliches Holzschutzmittel nach DIN 68 800	Basilit B Basilit CF BX Basilit UB
	2	Öliges Holzschutzmittel nach DIN 68 800	Basileum Fertigbau 100 NP Basileum Holzbau 100 NP Basileum Holzbau 150 NP
	3	Grundierendes Holzschutzmittel gem. DIN 68 800	Basileum Holzschutzgrund
	4	Holzschutzlasur	Basiment Holzschutzlasur 200
	5	Holzveredelungsmittel	Xylabrillant Plus / Xylamatt
	6	Wetterschutzmittel Wetterschutzfarbe	Consolan Wetterschutzfarbe Consolan Wetterschutzfarbe
	7	Dickschichtlasur	Basiment Dickschichtlasur
Glasurit GmbH Max-Winkelmann-Straße 80 4400 Münster-Hiltrup Telefon 0 25 01 / 14-35 46	1	Wasserlösliches Holzschutzmittel nach DIN 68 800	
	2	Öliges Holzschutzmittel nach DIN 68 800	
	3	Grundierendes Holzschutzmittel gem. DIN 68 800	Glassomax-Imprägniergrundierung
	4	Holzschutzlasur	Glasurit-Außenholzschutz Glassomax-Tauchlasutect
	5	Holzveredelungsmittel	Glasurit-Dickschicht-Lasur Glassomax-Lasutect-DSL airless Glasurit-Acryl-Holz-Lasur Glassohyd-DSL airless
	6	Wetterschutzmittel	Glasurit-Glassocryl WKF Glasurit-Acryl-Holz-Lasur Glassomax-Tauchlasutect
	7	Dichschichtlasur	Glasurit-Dickschichtlasur Glassomax-Lasutect-DSL airless Glassohyd-DSL airless

Baustoffe ibh 5.25.04 II

Firma und Adresse	Kenn-Nr. für Einsatzbereich laut Tabelle 5.25.01 II	Lieferprogramm	
		Bezeichnung	Produktname
Herbol GmbH Vitalistraße 198–226 5000 Köln 30 Telefon 02 21 /	4	Holzschutzlasur	Herbol-Offenporig Plus
	5	Holzveredelungsmittel	Herbol Acryl-Lasur
	6	Wetterschutzmittel	Herbol-Offenporig Plus
	7	Dickschichtlasur	Herbol-Offenporig Plus
HERMETA-CHEMIE GmbH Kanalstraße 7–11 1000 Berlin 47 Telefon 0 30 / 66 70 72 ‹6 61 70 72›	1	Wasserlösliches Holzschutzmittel nach DIN 68 800	
	2	Öliges Holzschutzmittel nach DIN 68 800	WICOLIT F farblos und braun
	3	Grundierendes Holzschutzmittel gem. DIN 68 800	WICOLIT F farblos und braun
	4	Holzschutzlasur	
	5	Holzveredelungsmittel	WICOLUX A 11 Farbtöne
	6	Wetterschutzmittel	WICOLUX 11 Farbtöne
	7	Dickschichtlasur	
Dr. Hartmann KULBA-Bauchemie GmbH & Co. KG Hardtstraße 16 8800 Ansbach Telefon 09 81 / 95 05-0	1	Wasserlösliches Holzschutzmittel nach DIN 68 800	Kulbasal CBK Kulbasal U flüssig Kulbasal B flüssig Kulbasal B Kulbasal B Fertigbau
	2	Öliges Holzschutzmittel nach DIN 68 800	Kulbanol V kombiniert Kulbanol Holzbau 120 Kulbanol-Imprägniergrund Kulba-Lasur
	3	Grundierendes Holzschutzmittel gem. DIN 68 800	Kulbanol V kombiniert Kulbanol Holzbau 120 Kulbanol-Imprägniergrund
	4	Holzschutzlasur	Kulba-Lasur
	5	Holzveredelungsmittel	Kulbacryl-Lasur Kulba-Holzwachs flüssig
	6	Wetterschutzmittel	Kulba-Lasur 2000 Kulbacryl-Lasur Lipodur S
	7	Dickschichtlasur	

Baustoffe

Firma und Adresse	Kenn-Nr. für Einsatzbereich laut Tabelle 5.25.01 II	Lieferprogramm	
		Bezeichnung	Produktname
Piller & Grau KG Hospitalstraße 39/71 8800 Ansbach Telefon 09 81 / 57 27	1	Wasserlösliches Holzschutzmittel nach DIN 68 800	
	2	Öliges Holzschutzmittel nach DIN 68 800	PIGROL Grund mit Bläueschutz PIGROL Holzschutz naturbraun
	3	Grundierendes Holzschutzmittel gem. DIN 68 800	PIGROL Holzschutzgrund (Wasserbas.) PIGROL Imprägniergrund PIGROL Holzgrund-GZ
	4	Holzschutzlasur (fungizid/insektizid)	PIGROL Farblasur PIGROL Jägerzaunlasur
	5	Holzveredelungsmittel (biozidfrei)	PIGROL- Holzsiegel ONOL-Holzlasur PIGROL-Transparentlack (Lacklasur) PIGROL Edelwachs
	6	Wetterschutzmittel	PIGROL Dauerlasur PIGROL Holzschutzfarbe K 60 PIGROL Onoleum
	7	Dickschichtlasur	PIGROL Transparentlack (Lacklasur) PIGROL Sonnenlasur
Remmers Chemie GmbH & Co. 4573 Löningen Telefon 0 54 32 / 20 51	1	Wasserlösliches Holzschutzmittel nach DIN 68 800	Adolit B Adolit CKB
	2	Öliges Holzschutzmittel nach DIN 68 800	Aidol Fertigbau 100 Aidol Fertigbau F
	3	Grundierendes Holzschutzmittel gem. DIN 68 800	Aidol Imprägniergrund
	4	Holzschutzlasur	Aidol Imprägnierlasur Aidol HK Lasur 2000
	5	Holzveredelungsmittel	Aidol Holz-Hartlack Aidol Möbel- und Paneellack Aidol Allzwecklasur Aidol Holznaturwachs
	6	Wetterschutzmittel	Aidol Allzwecklasur Aidol Rofalin Acryl Aidol Zaundecklack
	7	Dickschichtlasur	Aidol DS Aidol DSA

Baustoffe   ibh 5.25.06 II

Firma und Adresse	Kenn-Nr. für Einsatzbereich laut Tabelle 5.25.01 II	Lieferprogramm	
		Bezeichnung	Produktname
Sikkens GmbH Gutenbergstraße 8 3008 Garbsen Telefon 0 51 37 / 7 08-0	1	Wasserlösliches Holzschutzmittel nach DIN 68 800	
	2	Öliges Holzschutzmittel nach DIN 68 800	Sikkens Imprägnierung schnelltrocknend Sikkens Imprägnierung M farblos
	3	Grundierendes Holzschutzmittel gem. DIN 68 800	siehe Nr. 2
	4	Holzschutzlasur	Sikkens Cetol HLS- Sikkens Cetol BL 21 Sikkens Cetol Typ 580 Sikkens Cetol Typ 680
	5	Holzveredelungsmittel	Sikkens TS Interior Sikkens Unitop BL
	6	Wetterschutzmittel	Sikkens Cetol Acryllack Sikkens Rubbol A–Z
	7	Dickschichtlasur	Sikkens Cetol Filter 7 Sikkens Cetol THB Sikkens Cetol BL 31
Walter TROLL & SOHN GMBH Habichhorster Straße 7 3060 Stadthagen Telefon 0 57 21 / 22 40	1	Wasserlösliches Holzschutzmittel nach DIN 68 800	BEKARIT-SF BEKARIT-UL BEKARIT-TS
	2	Öliges Holzschutzmittel nach DIN 68 800	BEKAROL-FG
	3	Grundierendes Holzschutzmittel gem. DIN 68 800	BEKAROL-FG
	4	Holzschutzlasur	BEKAROL-FG 78-Lasur
	5	Holzveredelungsmittel	BEKAROL-FG-Finish
	6	Wetterschutzmittel	BEKAROL-FG 78-Lasur BEKAROL-FG-Finish
	7	Dickschichtlasur	BEKAROL-FG 78-Lasur BEKAROL-FG-Finish

Baustoffe

Firma und Adresse	Kenn-Nr. für Einsatzbereich laut Tabelle 5.25.01 II	Lieferprogramm	
		Bezeichnung	Produktname
Chemische Fabrik Weyl GmbH Sandhoferstraße 96 6800 Mannheim 31 Telefon 06 21 / 75 01-0	1	Wasserlösliches Holzschutzmittel nach DIN 68 800	-B 1 flüssig, impralit-SF -UZ flüssig -UG flüssig -CKB fest -CKB flüssig -CCO flüssig
	2	Öliges Holzschutzmittel nach DIN 68 800	impra-Holzbau 100 impra-Fertigbau 120
	3	Grundierendes Holzschutzmittel gem. DIN 68 800	impra-Holzschutzgrund
	4	Holzschutzlasur	impra-color impra-Lasol
	5	Holzveredelungsmittel	impra-biolan impra-profilan impralan SR
	6	Wetterschutzmittel	impra-biolan impra-profilan impra-biodec
	7	Dickschichtlasur	impra-elan
Dr. Wolman GmbH Dr.-Wolman-Straße 31–33 7573 Sinzheim Telefon 0 72 21 / 8 00-0	1	Wasserlösliches Holzschutzmittel nach DIN 68 800	Wolmanit CB Wolmanit CB-P Wolmanit CB as Wolmanit CX-50 Wolmanit U-FB Diffusit Diffusit-Holzbau
	2	Öliges Holzschutzmittel nach DIN 68 800	Wolmanol-Holzbau Wolmanol-Holzbau 150 Wolmanol-Holzbau A Wolmanol-Holzbau 150 A Wolmanol-Holzbau B Wolmanol-Fertigbau Wolmanol-Holzbau 55 Fungol-Imprägniergrund 55
	3	Grundierendes Holzschutzmittel gem. DIN 68 800	Wolmanol-Holzbau 55 Wolmanol-Fertigbau alle Typen Fungol-Imprägniergrund 55
	4	Holzschutzlasur	Fungol-Holzschutzlasur Fungol-Außenholzlasur
	5	Holzveredelungsmittel	Fungol-Innenholzlasur Fungol-Holzwachs

Baustoffe

Verband der Deutschen Holzwerkstoffindustrie (VHI), Wilhelmstraße 25, 6300 Gießen 1, Tel.: 06 41 / 7 40 96-97

Lieferprogramme von Mitgliedsfirmen:

- Spanplatten
- Kunststoffplatten (kunststoffbeschichtete dekorative Holzspan- bzw. Holzfaserplatten)
- Holzfaserplatten
- Sperrholz
- Innentüren
- Paneele, Akustikplatten
- Sonderprodukte

Soweit nicht anders angegeben, sind Längen- und Breitenangaben in cm, Dickenangaben in mm zu verstehen.

SPANPLATTEN

Vorbemerkung:

1. Bauspanplatten nach DIN 68 763 umfassen die Platten-Normtypen V 20, V 100 und V 100 G
2. Bauspanplatten mit bauaufsichtlicher Zulassung CZ 9.1–...) sind bestimmt für den Einsatz wie V 100, V 100 G und/oder V 20
3. Spanplatten für allgemeine Zwecke nach DIN 68 761, Teil 1 bzw. Teil 4, umfassen die Normtypen FPY bzw. FPO
4. Spanplatten für Sonderzwecke im Bauwesen nach DIN 68 762 (z. B. Schallschutzplatten)
5. Strangpreßplatten nach DIN 68 764, Teil 1 bzw. Teil 2

Plattenarten nach 1. und 2. müssen güteüberwacht sein (RAL-Gütegemeinschaft Spanplatten e.V. oder MPA); Plattenart Nr. 3 wird größtenteils freiwillig güteüberwacht in der RAL-Gütegemeinschaft.

Firma und Adresse	Lieferprogramm
Agepan Holzwerkstoffe GmbH Werkstraße 6601 Heusweiler 1 Telefon 0 68 06 / 16-0 Telex 44 29 718 holz d	V 20 – E 1, V 100 – E 1, V 100 G – E 1 V 100 – E 1, V 100 G – E 1 nach Zul. 9.1-119, FPY – E 1 Formate: 410 x 185, 530 x 205 cm, Dicken 8 – 50 mm Fußbodenverlegepl. N+F (V20, V100, V100G): 92,5 x 205; 10-38 mm Dachschalungspl. N+F (V100G): 410 x 185; 16 bis 38 mm Betonschalungspl. filmbesch.: 410 x 200; 550 x 200; 21 u. 27 mm
ATEX-WERKE GMBH & CO. KG Postfach 26 8352 Grafenau Telefon 0 85 52/30-0 Telex 57 410	Mehrschichten-Spanplatten E 1 (DIN 68 761) Formate 266 x 206; 523 x 206 Dicke 8, 10, 13, 16, 19, 22 mm
BISON-WERKE Bähre & Greten Industriestraße 3257 Springe 1 Telefon 0 50 41 / 7 10 Telex 9 24 929	V20, V100, V100G Auf Wunsch formaldehydarm verleimt. Großformat 1252 x 260 mm mit der Möglichkeit, einen Längs- und bis zu 9 Quertrennschnitte auszuführen. Dicken: 8 – 38 mm
DEUTSCHE NOVOPAN GMBH Industriestraße 1 3400 Göttingen Telefon 05 51/601-0 Telex 96 836 dnovo d	V20, V100, V100G, V20, B1, V100 B1 – alle E1 – nach Z 9.1-64, Z 9.1-85, Z 9.1-1849 – je nach Typ Abmessungen: 410 x 185; 540 x 207 cm, 270 x 207 cm Dicken: (6) 8–38 mm; alle auch mit N+F als Verkleidungs- bzw. Verlegeplatten. Spezialitäten: schwerentflammbare, hochbelastbare, formaldehydfrei verleimte Platten und Dachplatten.

Baustoffe VHI 5.28.02 II

Firma und Adresse	Lieferprogramm
EMSLAND SPANPLATTEN GMBH Postfach 13 60 Am Deverhafen 2990 Papenburg 1 Telefon 0 49 61 / 8 04-0 Telex 27 119	V 20, V 100, V 100 G − V 100, V 100 G nach Z 17.1−76; V 20, V 100, V 100 G formaldehydfrei verleimt nach Z 9.1−1849, Formate: 410 x 185; 524 x 207; 250 x 125 250 x 505 cm Fußbodenverlegepl. N + F in V 20, V 100, V 100G, Formate: 205 x 92,5; 250 x 62,5; 185 x 58 cm, Dicken: 10 − 28 mm Dachplatten V 100 G, Formate 250 x 425; 505 x 250; Dicken 16 − 38 mm
GRUBER + WEBER GMBH & CO KG Postfach 13 45 7562 Gernsbach 5 Telefon 0 72 24 / 6 41-0 Telefax 0 72 24 / 5 00 54 Telex 78 921 Teletex 72 24 10	Norma Fußbodenverlege-, Dachschalungs- und Verkleidungsplatten nach DIN 68 763 Standardformat 410 x 185 cm Mit Nut und Feder 205 x 92,5 cm V 20 / V 100 lieferbar in 10−13−16−19−22−25−28 mm und V 100 G in 16 bis 28 mm PRINTA Feinstspanplatten nach DIN 68 761 FPO, Standardformat 538/269 x 215/207 cm, Fixmaße auf Anfrage. Dicken: 8−10−13−16−19−22−25−28−32−38 mm
LUD. KUNTZ GMBH Sulzbacher Straße 75 Postfach 149 6570 Kirn/Nahe Telefon 0 67 52 / 80 26-29 Telex 42 61 13 Telefax 0 67 52 / 69 92	elka-Spanplatten nach DIN 68 763, V 20 E1, V 100 E1, V 100 G E1, 511 x 205 und 410 x 185, Dicken: V 20: 8−38 mm, V 100: 8−28 mm, V 100 G: 16−25 mm Verkleidungspl. mit N + F − V 20 E1 − 205 x 92,5 − 205 x 101 und 255 x 101 Fußbodenverlegepl. mit N + F − V 100 E1 + V 100 G E1 − 205 x 92,5 − 205 x 101 und 255 x 101, Dicken: V 20 und V 100: 10−28 mm, V 100 G: 16−25 mm Dachplatten V 100 G E1, Längskante genutet, mit loser Hartfaserfeder, 511 x 205; 408 x 205; 255,5 x 205, Dicken: 16−25 mm
PFLEIDERER INDUSTRIE GMBH & Co. KG Postfach 14 80 Ingolstädter Straße 51 8430 Neumarkt/Opf. Telefon 0 91 81 / 28-0 Teletex 17-918 182 Telefax 0 91 81 / 2 82 04	V 20 E1, Dicken 8 bis 38 mm + 44 mm, Formate 1340 x 205/220; 410 x 185; 531 x 210; 531 x 261, Trennschnitt und Fixmaße, V 100 E1 + G, Dicken 8−38 mm, Formate 1340 x 220; 410 x 185; 531 x 210; 531 x 261, Trennschnitt und Fixmaße, Fußbodenverlpl. N + F (in V 20, V 100 E1 + G) 10−38 mm, Formate: 205 x 92,5 / 61,5. Dachschalungsplatten (V 100 G-E1), 410 x 185, schwer entflammbar, DIN 4102 B1 E1 (V 20/V 100 + G), 1340 x 205/220; 535 x 205
SAUERLÄNDER SPANPLATTEN GmbH & Co KG Zur Schefferei 12 Postfach 55 53 5760 Arnsberg 2 Telefon 0 29 31 / 87 60 Telex 84 210	Stranggepreßte Röhren- und Vollspanplatten
SCHLINGMANN GMBH & Co. Spanplattenwerk Industriestraße 24 8415 Nittenau Telefon 0 94 36 / 20-0 Telex 65 312 Telefax 0 94 36 / 25 04	V 20, V 100, FPO, FPY Dickenbereich in mm: 6−60, E1 Format: 821/410/273 x 185/210/215; 520/260 x 185/210, Fußbodenverlegeplatten N + F in Verleimung V 20 + V 100 Hochverdichtete Spezialplatten für Doppelfußboden- und Regalbodenanlagen / Leichtspanplatten mit unterschiedlichem Spanaufbau / werkzeugfreundliche Spezialplatten mit homogenem Spangefüge für schwierige Fräsvorgänge / UV- und Acrylharzbeschichtung
TEUTOBURGER SPERRHOLZWERK Georg Nau GmbH 4930 Detmold Telefon 0 52 32 / 81 21 Telex 931 447 Telefax 0 52 32 / 8 79 23	Neocor = furnierte Spezialspanplatte für Möbel und Innenausbau Formate: bis 244 x 122 Dicken: 4,0 − 8,0 mm
THERMOPAL Dekorplatten GmbH & Co. KG Wurzacher Straße 32 7970 Leutkirch 1 Telefon 0 75 61 / 8 90 Telefax 0 75 61 / 8 92 32 Telex 732 781	V 20, Formate 550 x 205 cm, 275 x 205 cm, Dicken 8 − 40 mm V 100, Formate 550 x 205 cm, 275 x 205 cm, Dicken 16 − 28 mm

Baustoffe

Firma und Adresse	Lieferprogramm
TRIANGEL SPANPLATTEN GMBH 3177 Sassenburg Telefon 0 53 71 / 68 90 Telex 957 119 Telefax 0 53 71 / 6 89 91	V 20 FF, V 100 FF, V 100 G FF, 8 – 36 mm formaldehydfrei verleimt nach Z 9.1–64, 513 x 220; 543 x 205; FPO E1, 8 – 28; 543 x 207/220, V 20 und V 100 Fußbodenverlegeplatten mit N + F, 10 – 28 mm, 205 x 92,5 mm; 205 x 75; V 100 G FF-Dachplatten Z 9.1–64, 19 – 36 mm, längs genutet und lose Feder, 255/250 x 220/110
F. W. VALENTIN + SÖHNE KG Holzindustrie Hauptstraße 6349 Mittenaar 1 Telefon 0 27 72 / 6 01-0 Telex 873 435	Standard V 20, 8 – 30 mm (Spanplatten) Formate: 520 x 221, 410 x 186,5 Verkleidungsplatten: 10 – 25 mm V 20 / N + F Format: 205 x 92,5 Verlegeplatten: 10 – 25 mm N + F V 100, Format: 205 x 92,5
WILHELMI-WERKE GmbH & Co. KG Postfach 55 6335 Lahnau 2-Dorlar Telefon 0 64 41 / 6 01-0 Telex 483 828 Telefax 0 64 41 / 6 34 39 Btx * 60 106	Brandgeschützte Spanplatten: Widoplan + Widotex Baustoffkl. B 1 und A 2, auch als Verbund gepr. mit versch. Oberfl. nach DIN 4102, Abmessungen 345 x 126, 314 x 126, in 12, 16, 19, 22, 25 mm Akustikplatten: Variantex® und Mikropor® nach DIN 68 762 mit versch. Oberfl. im Verbund geprüft B 1 und A 2 nach DIN 4102, auch doppels. Oberfl. für Lamellen, Sonderteile auf Anfrage, Abm.: 345 x 125 und daraus Fixmaße 18 und 30 mm Mikropor® M-Metall-Akustikplatten, schallschluckend ohne Dämmstoffeinlage; Abmessungen: 60 x 20 bis 300 x 62,5
WIRUS-WERKE W. Ruhenstroth GmbH Postfach 33 61 4830 Gütersloh 1 Telefon 0 52 41 / 8 10-87 10 Telex 933 843 Telefax 0 52 41 / 87 14 44	Feinspanplatten (FPO nach DIN 68 761) V 20 – E1; Aufbau: Dreischichtenplatte mit Feinstoffoberfläche Dicken: 8, 10, 12, 13, 14, 15, 16, 18, 19, 22, 25, 28 mm Formate: Standardmaße: 524 x 207, 262 x 207; auf Wunsch: 524 x 103, 262 x 103, 207 x 130, 130 x 103, Abnahmemenge auf Anfrage; Trennschnittmaße: Anfrage; Fixmaße: Wunsch und Anfrage Fertigteile: alle Bearbeitungsmöglichkeiten wie Formatieren, Konturieren, Kanten anfahren, Nuten, Fälzen, Fasen, Ausklinken, Oberfräsen, Bohren, Dübeln

Baustoffe

KUNSTSTOFFPLATTEN

(Kunststoffbeschichtete dekorative Holzspanplatten bzw. Holzfaserplatten)

Vorbemerkung:

1. Kunststoffbeschichtete dekorative Flachpreßplatten (KF-Platten) nach **DIN 68 765** sind mit Kunstharz als Bindemittel hergestellte Holzspanplatten; sie sind beidseitig beschichtet durch Verpressung unter Wärmeeinwirkung mit Trägerbahnen, die mit härtbaren Kondensationsharzen imprägniert sind. Das Harz der Dekorschicht ist zum überwiegenden Teil Melaminharz. Die Plattenoberflächen können eben oder strukturiert sein.

2. Kunstharzbeschichtete dekorative Spanplatten (unifarbig, mit Holzart-Nachbildungen, mit Phantasiedekoren etc.) zeichnen sich durch erhöhten Widerstand gegen Abrieb, Kratzen, Wasserdampf, Flecken u. a. aus.

3. Die Platten werden nicht für tragende und aussteifende Zwecke im Bauwesen eingesetzt und sind nicht überwachungspflichtig.

4. Kunststoffbeschichtete dekorative Holzfaserplatten (KH-Platten) nach **DIN 68 751** sind harte Holzfaserplatten nach DIN 68 750, ein- oder beidseitig beschichtet mit Trägerbahnen, die mit härtbaren Kondensationsharzen imprägniert und unter Wärmeeinwirkung aufgepreßt sind. Das Harz der Dekorschicht ist zum überwiegenden Teil Melaminharz.

Lieferbare Farben, Dekore, Strukturen usw.: beim Hersteller Musterkarte anfordern.

Firma und Adresse	Lieferprogramm
ATEX-WERKE GMBH & CO KG Postfach 26 8352 Grafenau Telefon 0 85 52 / 30-0 Telex 57 410	SPANATEX E1 melaminharzbeschichtet (DIN 68 765), unifarbig und maserfarben Repro; 266 x 206; 523 x 206, in 8, 10, 13, 16, 19, 22, 25, 28 mm. Lieferung auch für Möbelbau in Standardstreifen mit umleimten Längskanten, 263 x 20/25/30/40/50/60 und als Regalböden 80/120 x 20/25/30/40/45. SPANATEX E1 K 100 „feuchtfestverleimt", melaminharzbeschichtet, unifarben und in diversen Dessins. 266 x 206; 266 x 523, in 16, 19 mm.
GRECO SPANPLATTEN GMBH Postfach 13 40 Grecostraße 4470 Meppen 1 Telefon 0 59 31 / 4 05-0 Telex 98 626	Melaminbeschichtete Spanplatten (DIN 68 765) in unifarbigen und verschiedenen Holzdekoren: Format 524 x 207; Dicken: 8, 10, 12, 13, 15, 16, 18, 19, 22, 25, 28 mm; Zuschnittmaße ab 280 x 280 mm in allen Dicken auf Anfrage. Melaminbeschichtete Spanplatten können auch als Möbelfertigteile mit gerader Kante und in Softforming geliefert werden.
GRUBER + WEBER GMBH & CO KG Postfach 13 45 7562 Gernsbach 5 Telefon 0 72 24 / 6 41-0 Telefax 0 72 24 / 5 00 54 Telex 78 921 Teletex 722 410	DEKORA Melaminharzbeschichtete Spanplatten nach DIN 68 765 in Weißtönen, Uni-Farben, Holzdekoren und vielen Oberflächenstrukturen lieferbar. Standardformate: 538/269 x 215/207, Fixmaße auf Anfrage Dicken: 8–10–13–16–19–22–25–28–32–38 mm DEKORA FF Fertigfußboden mit Nut und Feder
PFLEIDERER INDUSTRIE GMBH & CO KG Postfach 14 80 Ingolstädter Straße 51 8430 Neumarkt 1 Telefon 0 91 81 / 28-0 Teletex 17-918 182 Telefax 0 91 81 / 2 82 04	KF (DIN 68 765) Melaminharzbeschichtete Spanplatten Verleimung V 20, V 100 + G, B1, B1/V 100 E1 + E2–1, Dekore: Weiß, Uni, Holz, Fantasie Formate: 531 x 210; 265,5 x 210; 670 x 205; 402 x 205; 535 x 205; 267 x 205; Dicken 8 bis 38 mm, Oberfläche Struktur, Pore, Matt, Seidenmatt, Glänzend. Aus gesamten Programmen Möbelfertigteile und Innenausbauelemente.
THERMOPAL DEKORPLATTEN GmbH & Co. KG Wurzacher Straße 32 7970 Leutkirch 1 Telefon 0 75 61 / 8 90 Telex 732 781 Telefax 0 75 61 / 8 92 32	Melaminharzbeschichtete Spanplatten (DIN 68 765); melaminharzbeschichtete Hartfaserplatten HPL-Schichtstoffplatten (DIN 16 926) Schichtstoffverbundplatten mit Träger Spanplatte, Span-Tischlerplatte, Gipsfaserplatten, selbsttragende Vollkunststoffplatten dekorative Brandschutzplatten Formate: 550/275 x 205/202, Dicken: 6 – 40 mm

Baustoffe

VHI 5.28.05 II

Firma und Adresse	Lieferprogramm
TRIANGEL SPANPLATTEN GMBH 3177 Sassenburg Telefon 0 53 71 / 68 90 Telex 957 119 Telefax 0 53 71 / 6 89 91	Melaminbeschichtete Spanplatten (DIN 68 765) TRIACOR in weiß, unifarben, Holzdekoren und Fantasiedekoren Formate: 543 x 208 und 271 x 208 Dicken: 8/10/13/15/16/18/19/22/25 und 28 mm Oberfläche: seidenmatt, Micro, Bütte und Holzpore
WIRUS-WERKE W. Ruhenstroth GmbH Postfach 33 61 4830 Gütersloh 1 Telefon 0 52 41 / 81-3 50 Telex 933 843 Telefax 0 52 41 / 8 14 44	WIRUS-Spanplatten mit beidseitiger dekorativer Kunststoffbeschichtung auf Melaminharzbasis nach DIN 68 765 Dicken: 8, 10, 13, 16, 18, 19, 22, 25, 28 mm Formate: Standardmaße: 524 x 207, 262 x 207; auf Wunsch: 524 x 103, 262 x 103, 207 x 130, 130 x 103; Trennschnittmaße: Anfrage; Fixmaße: Wunsch und Anfrage Fertigteile: alle Bearbeitungsmöglichkeiten wie Formatieren, Konturieren, Kanten anfahren, Nuten, Fälzen, Fasen, Ausklinken, Oberfräsen, Bohren, Dübeln Dekore: Unifarben, Holzreproduktionen, Fantasiedekore Oberflächen: matt, Quarz-magic, Siebstruktur, Holzporenstruktur, Feinbüttenstruktur, Büttenstruktur, Feinstbüttenstruktur, TreFUGO (Escheporenstruktur), TreLIA, TreMACO (Strichlack), TrePRIMO (lackierfähige Escheporenstruktur), TreVETO (Lackfinish) Farbverbund: Kunststoffbeschichtete Spanplatten, Rückwandplatten, Fertigteile, Schichtpreßstoffplatten, Kantenmaterial

HOLZFASERPLATTEN

(poröse und harte Holzfaserplatten; oberflächenveredelte Faserplatten)

Vorbemerkung:

1. Harte Holzfaserplatten für das Bauwesen (HFH 20) nach DIN 68 754, Teil 1, Holzwerkstoffklasse 20

2. Holzfaserplatten nach DIN 68 750 umfassen:
   - poröse Holzfaserplatten (HFD), auch Isolier- oder Dämmplatten genannt, mit einer Rohdichte von 230 – 400 kg/m³ und
   - harte Holzfaserplatten (HFH), auch Hartplatten genannt, mit einer Rohdichte von 850 kg/m³ und mehr.

3. Bitumen-Holzfaserplatten nach DIN 68 752 (BPH) mit einer Rohdichte von 230 – 400 kg/m³
   - Bitumen-Holzfaserplatten (normal) BPH 1 mit einem Bitumengehalt von 10–15 Gewichtsprozent
   - Bitumen-Holzfaserplatten (extra) BPH 2 mit einem Bitumengehalt über 15 Gewichtsprozent.

Platten nach 1. **müssen** güteüberwacht sein: sie können im Bauwesen für tragende und aussteifende Zwecke im Anwendungsbereich der Holzwerkstoffklasse 20 verwendet werden.

Firma und Adresse	Lieferprogramm
ATEX-Werke GmbH & Co KG Postfach 26 8352 Grafenau Telefon 0 85 52/30-0 Telex 57 410	ATEX-Hartplatten, HFH (DIN 68 750), Standardausführung mit glatter brauner Oberfläche; 260 x 203; 523 x 206, in 2,5/3,2/4,0/5,0/6,0 mm DECATEX-Hartfaserpl. in versch. Oberflächenausführungen: uni-lackiert, Maserdruck lack., PVC-foliert, foliert mit Lackfinish) für Verkleidungen, Möbelrückwände u.ä., Betonschalungsplatten, durchgehend spezialimprägniert; 260 x 203, 523 x 206 in 3,2 und 4,0 mm
ODENWALD Faserplattenwerk GmbH 8762 Amorbach Telefon 0 93 73/201-0 Telex 689 218 owa d Telefax 0 93 73/20 11 30	HFD: Standard-Format: 250 x 125, 10, 12, 15, 19 mm BPH1: Standard-Format: 250 x 125, 10, 12, 15, 19 mm BPH2: Standard-Format: 250 x 125, 10, 12, 15, 19 mm Andere Formate auf Anfrage.

Baustoffe

SPERRHOLZ (Furnierplatten; Tischlerplatten)

Vorbemerkung:

1. **Baufurnierplatten** nach DIN 68 705, Teil 3, umfassen die Platten-Normtypen BFU 20, BFU 100, BFU 100 G (früher Verleimungsart IF 20, AW 100 bzw. AW 100 G)

2. **Baufurnierplatten aus Buche** nach DIN 68 705, Teil 5, mit erhöhten Werten umfassen die Platten-Normtypen BFU-BU 100 und BFU-BU 100 G

3. **Bautischlerplatten** nach DIN 68 705, Teil 4, umfassen die Platten-Normtypen BST 20, BST 100 und BST 100 G (jeweils Baustabplatten) und BSTAE 20, BSTAE 100 und BESTAE 100 G (jeweils Baustäbchenplatten)

4. Großflächen-**Schalungsplatten** aus Sperrholz für Beton und Stahlbeton, nach DIN 68 791 auf Basis Tischlerplatten (SST aus Stabsperrholz, SSTAE aus Stäbchensperrholz) oder nach DIN 68 792 auf Basis Furnierplatte (SFU)

5. **Sperrholz für allgemeine Zwecke** nach DIN 68 705, Teil 2, in den Verleimungstypen IF (nicht wetterbeständig) und AW (bedingt wetterbeständig), jeweils als Furnierplatte (FU), Stabplatten (ST) und Stäbchenplatten (STAE)

Plattenarten nach 1., 2. und 3. **müssen** güteüberwacht sein (RAL-Güteschutzgemeinschaft Sperrholz e.V. oder MPA); Plattenart Nr. 5 wird größtenteils freiwillig güteüberwacht in der RAL-Güteschutzgemeinschaft.

Firma und Adresse	Lieferprogramm
ADOLF BUDDENBERG GMBH Brakeler Straße 3490 Bad Driburg Telefon 05253/20 64-66 Telex 936 898	Furnierplatten und Multiplexplatten aus Buche in Fixmaßen. Baufurnierplatten aus Buche nach DIN 68 705 Teil 5. Formgepreßte Sperrholzteile
AGEPAN HOLZWERKSTOFFE GMBH Werkstraße 6601 Heusweiler 1 Telefon 0 68 06 / 16-0 Telex 44 29 718 holz d	BFU 20, BFU 100 in Buche: Format bis 250 x 205, 4 – 60 mm Treppenstufenplatten und Spezialplatten: furniert und filmbeschichtet Furnierplatten f. allg. Zwecke in Buche, Verleimung: IF und AW: Formate bis 250 x 205, 4 – 60 mm Stabplatten f. allg. Zwecke in Buche, Verleimung: IF und AW: Formate bis 520 x 185*; 16, 19, 22, 25 mm Betonschalung, filmbesch.: Format 520 x 200*; 21, 27 mm *) Zuschnitte auf Anfrage
BLOMBERGER HOLZINDUSTRIE B. Hausmann GmbH & Co KG Königswinkel 2 4933 Blomberg Telefon 0 52 35 / 20 85 Telex 935 866 Telefax 0 52 35 / 68 51	DELIGNIT®-Bau-Furniersperrholz BFU 100 und BFU 100 G aus Buche nach DIN 68 705 Teil 3 sowie BFU-BU 100 und BFU-BU 100 G nach DIN 68 705 Teil 5. Standardformate: 215 x 122 und 250 x 150. Standarddicken: 10 – 80 mm. Sonderformate bis 320 x 200 Buchen-Furnierplatten und Multiplexplatten für allgemeine Zwecke in Standardformaten und Zuschnitten. DELIGNIT®-FRCW = Schwerentflammbares BFU 100 und BFU 100 G aus Buche. Filmbeschichtetes Sperrholz, Treppenstufenplatten und andere Sperrholzspezialplatten.
GEBR. BÖKER KG Postfach 21 28 3472 Beverungen 2 Telefon 0 56 45/93 22-3 Telex 994 116 boeda d	Buchen-Furnierplatten auch in Zuschnitten, Dicke von 3 – 40 mm auch lackiert, z. B. SH-Lack

Baustoffe VHI 5.28.07 II

Firma und Adresse	Lieferprogramm
ADOLF BUDDENBERG SPERRHOLZFABRIK Mühlenstraße 27 3472 Beverungen 1 Telefon 0 52 73/13 44 Telex 93 12 800	Herstellung von Fixmaßen Furnierplatten für allg. Zwecke in Buche und Ocumé, Verleimung IF und AW: Formate bis 220 x 120, 170 x 150, 3 – 60 mm Tischlerplatten (ST) (5–f), Verleimung IF und AW, Formate bis 220 x 120, 170 x 150, 16 – 40 mm
FRITZ EMME HOLZWARENFABRIK GMBH Postfach 12 03 3280 Bad Pyrmont Telefon 0 52 81/30 51-3 Telex 931 631	Sperrholz-Formteile
LUDWIG KOCH & SOHN KG SPERRHOLZWERK In der Aue 3 – 5 5928 Bad Laasphe Telefon 0 27 52/807 Telex 875 215	Fertigung von Buchen-Furnier-, Multiplex- und Tischlerplatten sowie Treppenstufenplatten mit Edelfurnieren in Fixmaßen. Verleimungsarten: IF 20, IW 67, A 100, AW 100 in 6 – 60 mm
FR. KREUTZFELDT GMBH & CO KG HOLZBEARBEITUNGSWERK Postfach 25 2323 Ascheberg Telefon 0 45 26/80 96 Telex 261 357	Sperrholz-Formteile
LUD. KUNTZ GMBH Sulzbacher Str. 75 Postfach 149 6570 Kirn/Nahe Telefon 0 67 52/80 26-29 Telex 426 113 Telefax 0 67 52 / 69 92	elka-Tischlerplatten-Stab, 3-fach, Verleimung: nur IF 20 Holzarten: Gabun oder gabunähnlich, Limba, Samba, AKO, Dicken: 13–38 mm elka-Span-Tipl.-Stab, 3-fach, Verleimung nur IF 20, mit Spandecks der Emissionsklasse E1, Dicken: 16–25 mm Format: sämtliche Tipl. 183 x 510, 183 x 255
PFLEIDERER INDUSTRIE GMBH & CO KG Postfach 14 80 Ingolstädter Straße 51 8430 Neumarkt/Opf. Telefon 0 91 81/20-0 Telefax 0 91 81/28-204 Teletex 17-918 182	STAE Gabun, Abachi, Limba, Spandeck 520 x 183/205,* 13 – 55 mm, Verl. IF, IW 67, A 100, AW, ST Gabun, Abachi, Limba, Spandeck 520 x 183/205*, 13 – 38 mm, Verl. IF, IW 67, A 100, AW, *Zuschnitte, Sondermaße auf Anfrage, Gütenorm DIN 68 705 + HT-Rohlinge, Fichteverbundplatten, 5-fach TP, Deco-Stab
SCHÜTTE-LANZ Mannheimer Landstraße 4 6800 Mannheim 81 Telefon 0 62 02 / 20 01-0 Telex 4 66 365 slma d Telefax 0 62 02 / 20 01 49	SEMPER-SCHALUNG als Großflächenschalung entspr. DIN 68 791 Betonschalungsplatten, filmbesch., Format bis 540 x 200*; Dicken: 15, 18, 21, 27 mm. *Zuschnittmaße auf Anfrage Betonschalungsplatten, filmbesch., Format bis 250 x 125; Dicke: 4,8 mm BST 20, Format bis 540 x 200; Dicken: 13, 16, 18, 19, 22, 25 mm BST 100, Format bis 543 x 203; Dicken: 15, 18, 21, 27 mm
TEUTOBURGER SPERRHOLZWERK Georg Nau GmbH 4930 Detmold Telefon 0 52 32/81 21 Telex 931 447 Telefax 0 52 32/8 79 23	Furnier- und Multiplexplatten für allg. Zwecke, in Buche. Verleimung IF und AW. Formate: bis 250 x 170, 4 – 50 mm

Baustoffe VHI 5.28.08 II

WESTAG & GETALIT AG Hellweg 21 4840 Rheda-Wiedenbrück Telefon 0 52 42/17-0 Teletex 17-5 24 28 13 Telefax 0 52 42/32 50	Baufurnierplatten, DIN 68 705 T. 3, BFU 100/100 G: Iduplan, duplex – Bau- u. Industriesperrholz; Navyplan Bootsbaupl. (3 – 9 fach), 250 x 125, 4 – 20 mm Großflächen-Schalungsplatten, DIN 68 791: Magnoplan, Westaboard, Primaboard (Stabsperr.l.), Magnoplan universal, Magnoplan super (Stäbchensperr.l.). Vorsatzschalungspl. DIN 68 792: Betoplan, Bonaplan, Westoplan (Furnierplatten). Struktur-Schalungspl.: Struktoplan spec. (Holz-Kunststoff-Verbund).
GERHARD WONNEMANN HOLZWERK GMBH Mühlenstraße 16 4840 Rheda-Wiedenbrück Telefon 0 52 42/16-0 Teletex 17-5 24 28 23	Furnierplatten für allg. Zwecke in Limba, Okoumé, Macoré u. a. Edelhölzern, Verleimung IF und AW, 250 x 170, 220 x 110, 4 – 15 mm BFU 100 in Okoumé u. Mahagoni, 250 x 125, D: 4 – 25 mm, ST 5-fach in Limba u. a. Edelhölzern. Verl. IF; Format: 250 x 170, 16, 19, 21 mm. Furn. Spanpl. in Limba u. a. Edelhölzern, Verleimung V 20, Format: 250 x 170, 16 und 19 mm. Kantenbehandlung, Zuschnitte und Oberfläche auf Anfrage.

INNENTÜREN
Vorbemerkung:

1. Sperrtüren nach DIN 68 706, Teil 1. Übliche Konstruktionsart für Zimmertürblätter sowie sonstige Türen, die nicht dem Außenklima ausgesetzt sind. Klassifizierung nach mechanischen Beanspruchungsklassen N, M und S sowie Klimabeanspruchungsklassen I und II (Zimmertür z. B. I–M; höher beanspruchbare Tür II–S).

   Freiwillige Klassifizierung und Güteüberwachung im Rahmen der RAL-Gütegemeinschaft Innentüren aus Holz und Holzwerkstoffen e.V., Gießen.

2. Sondertüren für besondere Beanspruchungen bzw. für besondere Einsatzstellen, z.B.:

   feuerhemmende Türen
   einbruchhemmende Türen (DIN 18 103)
   Wohnungsabschlußtüren (DIN 18 105)
   Schallschutztüren
   Rauchdichte Türen
   Schußsichere Türen
   Röntgenraum-Türen
   u. a.

Firma und Adresse	Lieferprogramm
HERHOLZ Bernhard Herbers GmbH & Col KG Postfach 1253 Eichenallee 71 – 77 4422 Aahaus-Wessum Telefon 0 25 61 / 6 89-0 Telex 89 758 herho d Telefax 0 25 61 / 6 89-1 01	Edelholz-Innentüren, RAL-Gütezeichen u. zugehörige Zargen (Serien- und Kommissionsfertigung), über 30 Edelholz-Oberflächen u. mehr als 200 Kunststoff-Oberflächen 6 Stiltürvarianten (mit od. ohne Lichtöffnung und Sprosseneinsätze) Rund-, Stich- und Korbbogenelemente, Renovierungstürelemente z. B. Stahlzargen-Ummantelung, Schiebetüren (in od. vor Wand) Doppelfalz- und Schallschutztüren (von 28 – 47 dB) auch Klimaklasse III Wohnungsabschlußtürelemente, einbruchhemmende Türelemente, feuerhemmende Türen T30-1 u. T30-2 (auch als Stiltür) Röntgenraumtüren, Naß- und Feuchtraumtüren Strahlenschutztüren, Rauchschutztüren, schußsichere Türen, Kasernentüren, Krankenhaustüren, Schulzimmertüren, Sporthallen-Türen
HGM-TÜRENWERKE Heinr. Grauthoff GmbH Brandstraße 71 – 77 4835 Rietberg 3 Mastholte Telefon 0 29 44/803-0 Telex 84 434	Edelholz-Innentüren mit RAL-Gütezeichen (Röhrenspanstreifenkonstruktion) und Winkelbekleidungszargen mit echtholzfurnierten Kanten, in DIN-Abmessungen und Sondermaßen, diverse Holzarten Maßelemente im Exklusivbereich in über 20 versch. Holzarten, Stiltüren, Rund- u. Stichbogen, sowie Sonderanfertigungen Ummantelungselemente Einbruchhemmende Elemente Kommissionsfertigung nach Wunsch

Baustoffe

Firma und Adresse	Lieferprogramm
HOCHWALD-TÜRENWERK Josef Haag KG Kapellenstraße Postfach 80 5509 Kell Telefon 0 65 89/10 21 Telefax 0 65 89/14 98 Teletex 65 89 910	Innentüren mit RAL-Gütezeichen nach DIN 18 101 mit dazugehörenden Holzzargen nach DIN 18 111, in allen gängigen Furnierarten Schallschutztüren mit Prüfzeugnis Strahlenschutztüren Rauchschutztüren Doppelfalztüren, geschoßhohe Elemente, Stiltüren
HUGA HUBERT GAISENDREES GmbH & Co. KG Postfach 41 65 4830 Gütersloh 11 Telefon 052 41/74 10 Telex 933 654	Innentüren mit RAL-Gütezeichen und Zargen mit Oberflächen aus Holz oder Kunststoff in DIN-Abmessungen Sonderausführungen: Wohnungseingangstüren mit Metallverstärkung Einbruchhemmende Elemente nach DIN 18 103 Schallschutz-Elemente nach DIN 4109 Strahlenschutz-Türen T 30-Elemente nach DIN 4102 mit Holz- oder Stahlzargen Stil-Türen, Rund- und Stichbogen-Elemente
LEBO-Türenwerke Joh. Lensing GmbH & Co. KG Postfach 233 4290 Bocholt Telefon 0 28 71 / 95 03-0 Telex 813 829 Telefax 0 28 71 / 95 03 49	Innentüren aus Holz, Holzmontagezargen, zweiflg. Türen, Türelemente — Geschoß-hohe Türen, Türelemente — Stiltürelemente, Stichbogenelemente, Rundbogen-elemente, feuerhemmende Türelemente T 30, schallhemmende Türelemente, einbruchhemmende Türelemente, kunststoffbeschichtete Türen, folienummantelte Türelemente, Rohtüren, Rohlinge
MORALT FERTIGELEMENTE GmbH & Co. Postfach 11 30 8867 Oettingen Telefon 0 90 82/710 Telex 51 751	Moralt-Innentüren mit RAL-Gütezeichen und zugehörigen Holzzargen, DIN- u. Sondermaße, diverse Holzarten Moralt-Stiltüren: auf Fries und Füllung zusammengesetzte Furniere u. aufgesetzte mass. Profilleisten oder echte Füllungen u. mass. Profilleisten. Moralt- Rund- u. Segmentbogen-Türen Spezialprogramm f. Schallschutz, Feuerhemmung, Einbruchhemmung, Rauchdichte, Schußsicherheit, Strahlenschutz Kunststofftüren für den Objektbereich
SCHWAB SVEDEX- TÜRENWERKE 7410 Reutlingen Postfach 2762 Telefon 0 71 21 / 893-0 Telex 729 722 Telefax 0 71 21 / 89 31 35 Postfach 60 8855 Monheim Telefon 0 90 91/501-0 Telex 51 610 Telefax 0 90 91 / 50 11 69	Innentüren mit RAL-Gütezeichen, mit Echtholzoberfläche, Kunststoff, oder DD-Lacken beschichtet, in DIN- oder Sondermaßen Türelemente T-30 Sicherheits-Elemente, einbruchhemmend nach DIN 18 103 Schallschutz-Elemente bis 43 dB in betriebsfertigem Zustand nach DIN 52 210 Rauchschutz-Elemente nach DIN 18 095 Strahlenschutztüren Feucht- und Naßraumtüren Stiltüren Bekleidungszargen und Blockzargen sturz- und geschoßhoch
SCHWERING-TÜRENWERK GmbH & Co. KG Dorstener Straße 30 4421 Reken 1 Telefon 0 28 64/81-0 Telex 813 354 ringo d Telefax 0 28 64 / 81 58	Innentürblätter mit RAL-Gütezeichen einhängefertig und Holzzargen in allen Wanddicken und Holzarten, DIN-Abmessungen und Sondermaße Schallschutztüren mit 41 dB im betriebsfertigen Zustand Wohnungsabschlußtüren Sicherheitstüren mit Zulassung Röntgentüren Feuerhemmende Türen T-30 Stiltürserien: TREND, FORMAT, PROFIL, CREATIV, EXKLUSIV

Baustoffe

VHI 5.28.10 II

Firma und Adresse	Lieferprogramm
WALDSEE TÜREN GMBH Biberacher Str. 94 – 112 7967 Bad Waldsee Telefon 0 75 24/80 73 Telex 732 731 Telefax 0 75 24 / 80 77	Sperrtüren, Hartplattentüren, Dekortüren, Kunststofftüren, Schallschutztüren, Stiltüren, Feuerschutztüren, Strahlenschutztüren, Feuchtraumtüren, Laubengang-Außentüren, schußsichere Türen Türfutter – in DIN-Abmessungen und Sondermaßen, 18 verschiedene Holzarten, unterschiedliche Schichtstoffbeläge, Sonderkonstruktionen. RAL-Gütezeichen
WESTAG & GETALIT AG Hellweg 21 4840 Rheda-Wiedenbrück Telefon 0 52 42/17-0 Teletex 17-5 24 28 13 Telefax 0 52 42/32 50	Standard-Türenprogramm, jeweils auch mit zugehörigen Zargen: Getalit-Türen und -Zargen, Portalit-T. u. -Z., Portalit-Kassetten-T. u. -Z., Royal-Echtholz-T. u. -Z., Stiltüren u. -Z., Landhaustüren u. -Z., streichfähige T; RAL-Gütezeichen Spezialtüren-Programm: Türelemente für Schallschutz, Feuerschutz, Einbruchhemmung Feuchtraum-Türen Strahlenstop-Türen Sporthallen-Türen Schußhemmende Türen Klassenzimmer-Türen, Kasernen-Türen, Krankenhaus-Türen, Portal-S-Haustüren
WIRUS-WERKE W. Ruhenstroth GmbH Postfach 33 61 4830 Gütersloh Telefon 0 52 41 / 8 10 <87 10> Telefax 0 52 41 / 87 14 44 Telex 933 843	Innen- und Stiltüren (I-M, II-S, III-S) sowie Landhaustüren mit zugehörigen Normzargen in Abmessungen nach DIN 18 101 und in Sondermaßen Spezialtüren: Schallschutztüren 33 bis 45 db Feuerschutztüren T 30-1 Rauchschutztüren (DIN 18 095 E) Einbruchhemmende Türen (DIN 18 103) Feucht- und Naßraumtüren Strahlenschutztüren Durchschußhemmende Türen

PANEELE

Vorbemerkung:
1. **Paneele** mit Furnierdecklagen auf Spanplatten, nach **DIN 68 740,** Teil 2, für die Bekleidung von Wänden und Decken.
   Kanten durch Nutung profiliert; Verbindung der Paneele zur Fläche durch lose Einsteckfedern.
   Übliche Holzarten für die Sichtseiten-Furniere:
   Eiche, Buche, Esche, Teak, Mahagoni, Nußbaum, Koto, Rüster, Sen, Wenge, Palisander, Beté, Fichte, Tanne, Kiefer, Lärche usw.
2. Paneele mit Kunststoffdeckschicht, aus melaminharzbeschichteten Spanplatten
3. Sonderpaneele, z. B. Akustikdeckenpaneele

Firma und Adresse	Lieferprogramm
ATEX-Werke GmbH & Co. KG Postfach 26 8352 Grafenau Telefon 0 85 52/30-0 Telex 57 410	Paneele (DIN 68 740 T. 2) fertiglack., in Eiche, Eiche „Exquisit", Esche, Rüster, Cardin (Kiefer), Mahagoni-old english gebeizt, Koto, Fineline Eiche, Sen, Lärche, Anegré, Nußbaum, Eiche gekalkt, Eiche rustikal gebeizt, Eiche „Spezial", Marena: Deckbr. 125, 200, 250 mm; L: 2600, 3500, 4100, 4300 mm. D: ca. 12 u. 16 mm Sonderausf. in spez. Abmessungen: Rundkantenpaneele; Edelholzpaneele „feuchtfestverleimt"; Kassetten, Kurztafeln, Edelholzpaneele im ATEX-Baukastensystem, Paneele Kunststoff-Repro. – Gesamtpaneel ist E 1 –

Baustoffe

Firma und Adresse	Lieferprogramm
EMSLAND-SPANPLATTEN GmbH Postfach 13 60 Am Deverhafen 2990 Papenburg 1 Telefon 0 49 61/804-0 Telex 27119	Paneele nach DIN 68 740 Teil 2, Oberflächen endbehandelt, mit Echtholzfeder, Holzarten: Eiche natur, Eiche gebeizt, Esche, Carolina Pine, Teak, Sen, Koto, Mahagoni Deckbreiten: 125 und 200 mm Längen: 2000, 2600, 3000, 3500, 4100, mm, Dicke: ca. 13 mm Sonderausführung: Rundkanten, Holzarten: Eiche natur, Eiche geb., Mahagoni geb. Esche, Anegré, Anegré Kirsch Deckbreite: 300 mm, Längen: 900, 1250, 2600 mm, Dicke: 16 mm
HERHOLZ Bernhard Herbers GmbH & Co. KG Postfach 12 53 Eichenallee 71 – 77 4422 Aahaus-Wessum Telefon 0 25 61 / 6 89-0 Telex 89 758 herho d Telefax 0 25 61 / 6 89-1 01	Paneele, DIN 68 740 Teil 2, fertig lackiert, alle Ausführ.: Gesamtpaneel E 1 Holzarten: Eiche: hell, natur, gebeizt, astig, Fineline, Standard, Naturwuchs; Esche: weiß, weiß „Pore Natur", lichtgrau, signalgrau, Fineline; Kiefer: astig, Carolina; Anagre: Kirschbaum-farbig gebeizt, Standard; Amerik. Nußbaum; Fichte; Lärche; Sen; Sapeli-Mahagoni old engl. gebeizt; Koto, Muriatinga Deckmaßbr.: 125, 200, 250, 330, 500 mm Längen: 500, 900, 1200, 2050, 2600, 3000, 3500, 4100 mm Dicken: 13, 17 mm Sonderausführungen: Karniesprofilpaneele: Deckmaßbr.: 250, 333; Längen: 500, 1000, 1250, 2500; Dicke: 17 mm Rundprofilpaneele: Deckmaßbr.: 175, 250, 300, 333; Läng.: 500, 900, 1000, 1250, 2050, 2500; Dicke: 13, 17 mm Feuchtraumpaneele: V 100 Deckmaßbr.: 175; Läng.: 2050, 2600; Dicke: 13 mm Brandschutz-Paneele: B1 (schwer entflammbar): Deckmaßbr.: 125, 200; Läng.: 2000, 2600, 3200; Dicke: 14, 17, 20 mm A2 (nichtbrennbar): Deckmaßbr.: 125, 200; Längen: 2400, 2750; Dicke: 14, 17, 20 mm Herholz-Leisten: abgestimmt auf das Paneel-Programm: Sockelleisten SL 1; Außeneckleisten AEL 1; Inneneckleisten IEL 1; Kranzleisten KL 1; Ausgleichleisten AGL 1; Brüstungsleisten BL 1; Brüstungsleisten BL 2; Nutabdeckleisten NL 1
HGM-Türenwerke Heinrich Grauthoff GmbH Brandstraße 71 – 77 4835 Rietberg 3 Mastholte Telefon 0 29 44/803-0 Telex 84 434	Wandvertäfelungen, Deckenkassetten (Füllungen, Textil und glatte Ausführung) Rahmenvertäfelungen im Standard- und Exklusivbereich bis zur Furnierabwicklung Stollenwände
LEBO-Türenwerke Joh. Lensing GmbH & Co. KG Postfach 233 4290 Bocholt Telefon 0 28 71 / 95 03-0 Telex 813 829 Telefax 0 28 71 / 95 03 49	Edelholz-Paneele in sämtlichen gängigen Holzarten incl. Esche weiß Abmessungen: Deckbreite 123 und 210 mm; Längen: 2050, 2600, 3000, 3500, 4100 mm Rechteck-Kassetten: Bergeiche, Bergeiche geb., Weißeiche, Weißeiche geb., Esche natur Abmessungen: 900 x 300 mm; Paneel-Dicke: 13 mm Rundprofil und Karnisprofil: Abmessungen: Deckbreite 300 mm; Längen: 900, 1200, 2050, 2600 mm; Dicke: 16 mm
WILHELMI WERKE GmbH & Co. KG Postfach 55 6335 Lahnau 2 – Dorlar Telefon 0 64 41/601-0 Telex 483 828 Telefax 0 64 41/6 34 39 Btx * 6 01 06	Holzpaneele für Akustikdecken und Wände in allen Baustoffklassen B 2, B 1, A2 nach DIN 4102 auch im Verbund geprüft mit Laub- u. Nadelholzfurnier; für ballwurfsichere Raumabschlüsse nach DIN 18 032; Breiten, Längen, Dicken auf Wunsch brandgeschützte Trägerplatte mit formaldehydfreien Bindemitteln hergestellt in eigener Produktion

Baustoffe

Firma und Adresse	Lieferprogramm
GERHARD WONNEMANN HOLZWERK GmbH Mühlenstraße 16 4840 Rheda-Wiedenbrück Telefon 0 52 42/16-0 Teletex 17-5 24 28 23	Paneele und Kassetten nach DIN 68 740, Teil 2, fertiglackiert, in Eiche hell, roh, konstant und rustikal, Esche, Esche weiß, Kiefer, Koto, Lärche, Teak, amerik. Nußbaum, Mahagoni, Bété, Afrormosia, Anegré und Anegré auf Kirschbaum gebeizt, Längen: 510, 625, 900, 1300, 2200, 2600, 3000, 3500, 4100 mm, Deckbreiten: 109, 152, 221, 250, 300, 510, 625, Dicken: 13 u. 17 mm. Sonderausführung: Rundkanten

SONDERPRODUKTE

Nicht im normalen Holzwerkstoffprogramm laufende, im Rahmen dieses Kataloges aber interessierende Produkte von VHI-Mitgliedsfirmen:

- Selbstbausystem für Raumteiler, Schrankwände
- Mineralfaserplatten
- Gipsfaserplatten
- Spanholzformteile
- Magnethaftplatten
- elektrisch leitfähige Platten

Firma und Adresse	Lieferprogramm
ATEX-WERKE GMBH & CO. KG Postfach 26 8352 Grafenau Telefon 0 85 52 / 30-0 Telex 57 410	Einbaufertiges **SELBST-Anbau-System** für Schrank- und Regalwände und für Raumteiler Ausführung: Systemteile mit hochwertigen Edelholzfurnieren auf E1-Spanplatten verleimt; Holzart Eiche hell; montagefertig gebohrt, Lieferung mit Beschlägen
ODENWALD Faserplattenwerk GmbH 8762 Amorbach Telefon 0 93 73 / 2 01-0 Telex 6 89 218 owa d Telefax 0 93 73 / 20 11 30	**OWA-Mineralfaserplatten** Mineralfaser-Rohplatten: Baustoffklasse A2, ca. 400 kg/m^3, Baustoffklasse B1, ca. 300 – 340 kg/m^3. 250 x 125 cm, 15 und 20 mm. Sonderformate auf Anfrage. **Mineralfaser-Deckenplatten,** weißbeschichtet / verschiedene Oberflächen. Baustoffklasse A2 und B1, Gewicht wie vor. Formate je nach Abhängesystem (Metallschienen) von 30 x 30 bis 40 x 250 cm.
PFLEIDERER INDUSTRIE GmbH & Co. KG Postfach 14 80 Ingolstädter Straße 51 8430 Neumarkt/Opf. Telefon 0 91 81 / 28-0 Telefax 0 91 81 / 2 82 04 Teletex 17-918 182	**Gipsfaserplatten A2** Dicken: 10, 12,5, 15, 18, 20 mm; Formate: 276 – 62,5 / 260 cm
THERMOPAL DEKORPLATTEN GMBH & CO. KG Wurzacher Straße 32 7970 Leutkirch 1 Telefon 0 75 61 / 8 90 Telex 732 781 Telefax 0 75 61 / 8 92 32	**Magnethaftplatten,** **elektrisch leitfähige Rohspan-, Dekorspan-, Schichtstoff-, Schichtstoffverbund- und Vollkunststoffplatten gegen Elektrostatik** Format: 275 x 205 / 202 Dicke: 0,6 – 30 mm
WERZALIT AG & Co. Gronauer Straße 70 7141 Oberstenfeld Telefon 0 70 62 / 5 00 Telex 728 859	**Spanholzformteile** für den Fassadenbereich WERZALIT: Nut + Feder-Profile dekorativ beschichtet — Format: 5400 x 155 mm bzw. 5500 x 115 mm COLORPAN: Fassadenplatten — 1250 x 200 mm Selekta-N+F-Profile unifarbig coloriert — 5400 x 155 mm bzw. 5500 x 115 mm Weitere Produktgruppen: Balkon-Geländer-Systeme, Fensterbänke, Werzalit-Profile sind auf Anfrage auch in schwerentflammbarer Ausführung (B1) lieferbar.

Baustoffe

Paneele

Genaue Bezeichnung	Paneel, DIN 68 740, Teil 1 oder Teil 2, Holzart der Furnierdecklage bzw. Beschichtung, Spanplattentyp (z. B. FPY), Kantenprofil (NF = Nut und Feder, N 2 = genutet an beiden Längskanten, N 4 = genutet an allen Kanten; auch Rundkanten, Karniesprofil u. ä. möglich) Länge, Breite, Dicke in mm
Bestandteile	Spanplatten, Sperrholz, Faserplatte, Deckfurnier oder Beschichtung, Leim, ggf. Lack
Gütegrundlage	DIN 68 740 Teil 2 für Paneele mit Furnierdecklagen auf Spanplatten
Kennzeichnung	Herstellwerk (evtl. verschlüsselt), Anzahl der Paneele im Paket, Holzart der Sichtseitendecklage, Plattentyp, Kantenprofil, DIN-Hauptnummer, Länge, Breite, Dicke in mm (ggf. B 1 und A 2 zusätzlich gemäß DIN 4102 Teil 2)
Baustoffklasse nach DIN 4102, Teil 4	B 2 (normalentflammbar) bei einer Rohdichte 400 kg/m^3; B 1 (schwerentflammbar) und A 2 (nichtbrennbar) mit Prüfzeichen möglich
Rohdichte	600 bis 750 kg/m^3
Berechnungsgewicht nach DIN 1055, Teil 1	6,0 v 7,5 kg/m^3
Verarbeitung	DIN 18168 „Leichte Deckenbekleidungen und Unterdecken"; Handwerksregeln
Besondere Eigenschaften	Sonderpaneele für Akustikdecken und -wände, ballwurfsichere Decken und Wände; Feuchtraumpaneele
Herstellernachweis und weiteres Informationsmaterial	siehe Seite 5.28.10 II und 5.28.11 II

Baustoffe VHI, Odenwald 5.28.14 II

Odenwald Mineralfaser-Rohplatten, Odenwald Mineralfaser-Deckenplatten

Genaue Bezeichnung	Odenwald Mineralfaser-Rohplatten aus verdichteten Basaltwollefasern, ggf. mit weißer Beschichtung, ggf. Oberflächenstruktur, Länge x Breite x Dicke in mm.
Bestandteile	Basaltwollefasern, Bindemittel, ggf. Oberflächenbeschichtung
Gütegrundlage	Prüfzeugnis gemäß DIN 4102 Teil 2
Kennzeichnung	Baustoffklasse B 1: PA III 2.840; Baustoffklasse A2: PA III 4.143
Baustoffklasse nach Prüfzeugnis	B 1 (schwer entflammbar) bei Rohdichte 300 bis 340 kg/m^3) A 2 (nicht brennbar) bei Rohdichte 400 kg/m^3
Rohdichte	B 1 300 bis 340 kg/m^3 A 2 400 kg/m^3
Berechnungsgewicht nach DIN 1055 Teil 1	1,0 kN/m^3
Formate	Mineralfaser-Rohplatten 1250 x 2500 mm, Dicke: 15 und 20 mm Mineralfaser-Deckenplatten 31,25 x 312,5 mm, 312,5 x 625 mm, 625 x 625 mm, 625 x 1250 mm, 312,5 x 1250 mm bis 2500 mm, Europaformate: 300 x 300 mm, 600 x 600 mm, Sonderformate
Besondere Eigenschaften	Auf Platten abgestimmte Metallunterkonstruktionen Geprüfte Brandschutzkonstruktionen F 30-B mit Holzbalkendecken und Holzdächern möglich
Lieferantennachweis und weiteres Informationsmaterial	ODENWALD Faserplattenwerk GmbH 8762 Amorbach Telefon 0 93 73 / 20 10 Telex 6 89 218 owa d Telefax 0 93 73 / 21 01 30

Baustoffe

Wilhelmi Mikropor® S und VarianteX® Holzwerkstoffplatten

Genaue Bezeichnung	Mikropor® S VarianteX® 05 SAL VarianteX®-Rupfen
Bestandteile	Holz, formaldehydfreier Leim, Holzschutzmittel; bei Mikropor S: mikroporöses Akustikvlies, Wilhelmi-Spezial-Akustikfarbe, Schalldämmkaschierung, auf Wunsch Sonderkaschierung mit höherem Wasserdampfdiffusionswiderstand bei VarianteX® 05 SAL: Wilhelmi-Spezial-Akustikfarbe bei VarianteX-Rupfen: Natur-Rupfengewebe, Akustikvlies, Schalldämmkaschierung
Holzschutz	Iv, P nach DIN 52 163 und DIN 52 176
Gütegrundlage	Prüfzeichen gemäß DIN 4102 Teil 2
Kennzeichnung	Baustoffklasse B 1: PA III 2.69 Baustoffklasse A 2: PA III 4.474
Baustoffklasse nach Prüfzeugnis	B 1 (schwerentflammbar) bei ca. 390 kg/m^3 A 2 (nichtbrennbar) bei ca. 420 kg/m^3
Berechnungsgewicht	ca. 5 kN/m^3
Wärmeleitzahl	ca. 0,055 W/Km
Dicke	alle Platten: 18 mm
Formate	Mikropor® S: Standardformate: Länge: 3450, 2800, 2500, 2150, 1720, 1250, 625 mm Breite: 1250, 625, 415 mm Aufteilformate: 1243×618, 618×618, 1236×611, 611×611 mm×mm VarianteX® 05 SAL: Standardformate: Länge: 3450, 2800, 2150, 1720, 1250, 625 mm Breite: 1250, 625, 415 mm Aufteilformate: 1243×618, 618×618, 1236×611, 611×611 mm×mm VarianteX®-Rupfen: Standardformate: Länge: 3450, 2800, 1720, 1250, 625 mm Breite: 1250, 625, 415 mm Aufteilformate: 618×618, 611×611 mm×mm
Oberfläche	Mikropor® S: mikroporöses Akustikvlies mit feinporiger Wilhelmi-Spezial-Akustikfarbe (geschlossene Oberfläche) VarianteX® 05 SAL: Feinspandeckschicht mit feinporiger Wilhelmi-Spezial-Akustikfarbe VarianteX®-Rupfen Natur-Rupfengewebe Standardfarben bei Lücken: weiß ähnlich RAL 9010; Sonderfarben auf Wunsch nach RAL und Ausfallmuster
Verarbeitung	DIN 18 168 »Leichte Deckenbekleidungen und Unterdecken«, Handwerksregeln, zu bearbeiten wie Spanplatten
Besondere Eigenschaften	Wilhelmi-Spezial-Akustikfarbe: lichtecht, feuchtigkeitsbeständig, säure- und laugenfest, bakterizid, fungizid, ohne Lösungsmittel, Lichtreflektionsgrad $-\varrho_{dit} = 0,9$ (90 %) nach DIN 5036 in weiß; hochluftfeuchtigkeitsbeständig auf Wunsch; ein- oder beidseitige Oberflächen, verschiedene Kantenausbildungen, Zuschnitte nach Zeichnung; Reinigung mit handelsüblichen Schaumwaschmitteln; Renovierung ohne Absorptionsverlust mit Wilhelmi-Spezial-Akustikfarbe
Lieferantennachweis und weiteres Informationsmaterial	Wilhelmi-Werke GmbH und Co. KG Postfach 55 6335 Lahnau 2 Telefon 0 64 41 / 6 01-0 Telex 4 83 828 Telefax 0 64 41 / 6 34 39 Btx* 6 0106

Baustoffe

Anschriften-Verzeichnis:

AGEPAN HOLZWERKSTOFFE GMBH
Werkstraße
6601 Heusweiler 1
Telefon 0 68 06 / 16-0
Telex 44 29 718 holz d

ADOLF BUDDENBERG GMBH
Brakeler Straße
3490 Bad Driburg
Telefon 0 52 53 / 20 64-66
Telex 936 898

ADOLF BUDDENBERG
SPERRHOLZFABRIK
Mühlenstraße 27
3472 Beverungen 1
Telefon 0 52 73 / 13 44
Telex 93 12 800

ATEX-WERKE GMBH & CO. KG
Postfach 26
8325 Grafenau
Telefon 0 85 52 / 30-0
Telex 57 410

BISON-WERKE
Bähre & Greten
Industriestraße
3257 Springe 1
Telefon 0 50 41 / 7 10
Telex 9 24 929

BLOMBERGER HOLZINDUSTRIE
B. Hausmann GmbH & Co. KG
Königswinkel 2
4933 Blomberg
Telefon 0 52 35 / 20 85
Telex 935 866
Telefax 0 52 35 / 68 51

DEUTSCHE NOVOPAN GMBH
Industriestraße 1
3400 Göttingen
Telefon 05 51 / 6 01-0
Telex 96 836 dnovo d

EMSLAND SPANPLATTEN GMBH
Postfach 13 60
Am Deverhafen
2990 Papenburg 1
Telefon 0 49 61 / 8 04-0
Telex 27 119

FRITZ EMME
HOLZWARENFABRIK GMBH
Postfach 12 03
3280 Bad Pyrmont
Telefon 0 52 81 / 30 51-3
Telex 931 631

FR. KREUTZFELDT
GMBH & CO. KG
HOLZBEARBEITUNGSWERK
Postfach 25
2323 Ascheberg
Telefon 0 45 26 / 80 96
Telex 261 357

F. W. VALENTIN + SÖHNE KG
HOLZINDUSTRIE
Hauptstraße
6349 Mittenaar 1
Telefon 0 27 72 / 6 01-0
Telex 873 435

GEBR. BÖKER KG
Postfach 21 28
3472 Beverungen 2
Telefon 0 56 45 / 93 22-3
Telex 994 116 boeda d

GERHARD WONNEMANN
HOLZWERK GMBH
Mühlenstraße 16
4840 Rheda-Wiedenbrück
Telefon 0 52 42 / 16-0
Teletex 17-5 24 28 23

GRECO SPANPLATTEN GMBH
Postfach 13 40
Grecostraße
4470 Meppen 1
Telefon 0 59 31 / 4 05-0
Telex 98 626

GRUBER + WEBER GMBH & CO. KG
Postfach 13 45
7562 Gernsbach 5
Telefon 0 72 24 / 64 10
Telex 78 921
Teletex 72 24 10
Telefax 0 72 24 / 5 00 54

HERHOLZ
B. Herbers GmbH & Co. KG
Eichenallee 71–77
Postfach 12 53
4422 Ahaus/Wessum
Telefon 0 25 61 / 6 89-0
Telex 89 758 herho d

HGM-TÜRENWERKE
Heinrich Grauthoff GmbH
Brandstraße 71–77
4835 Rietberg 3 / Mastholte
Telefon 0 29 44 / 8 03-0
Telex 84 434

HOCHWALD-TÜRENWERK
Josef Haag KG
Kapellenstraße
Postfach 80
5509 Kell
Telefon 0 65 89 / 10 21
Teletex 6 58 99 10
Telefax 0 65 89 / 14 98

HUGA HUBERT GAISENDREES
GmbH & Co. KG
Postfach 41 65
4830 Gütersloh 11
Telefon 0 52 41 / 74 10
Telex 933 654

LEBO-TÜRENWERKE
Joh. Lensing
GmbH & Co. KG
Postfach 233
4290 Bocholt
Telefon 0 28 71 / 95 03-0
Telex 813 829
Telefax 0 28 71 / 95 03 49

LUDWIG KOCH & SOHN KG
SPERRHOLZWERK
In der Aue 3–5
5928 Bad Laasphe
Telefon 0 27 52 / 8 07
Telex 875 215

LUD. KUNTZ GMBH
Sulzbacher Straße 75
Postfach 149
6570 Kirn/Nahe
Telefon 0 67 52 / 80 26-29
Telex 426 113
Telefax 0 67 52 / 69 92

MORALT FERTIGELEMENTE
GmbH & Co.
Postfach 11 30
8867 Oettingen
Telefon 0 90 82 / 7 10
Telex 51 751

ODENWALD
Faserplattenwerk GmbH
8762 Amorbach
Telefon 0 93 73 / 2 01-0
Telex 689 218 owa d
Telefax 0 93 73 / 20 11 30

PFLEIDERER INDUSTRIE
GmbH & Co. KG
Postfach 14 80
Ingolstädter Straße 51
8430 Neumarkt/Opf.
Telefon 0 91 81 / 28-0
Teletex 17-9 18 182
Telefax 0 91 81 / 2 82 04

Baustoffe

Anschriften-Verzeichnis:

SAUERLÄNDER SPANPLATTEN
GmbH & Co. KG
Zur Schefferei 12
Postfach 55 53
5760 Arnsberg 2
Telefon 0 29 31 / 87 60
Telex 84 210

SCHLINGMANN GMBH & CO.
SPANPLATTENWERK
Industriestraße 24
8415 Nittenau
Telefon 0 94 36 / 20-0
Telex 65 312
Telefax 0 94 36 / 25 04

SCHÜTTE-LANZ
Mannheimer Landstraße 4
6800 Mannheim 81
Telefon 0 62 02 / 20 01-0
Telex 466 365 slma d

SCHWAB SVEDEX-TÜRENWERKE
Postfach 27 62
7410 Reutlingen
Telefon 0 71 21 / 8 93-0
Telex 729 722
Telefax 0 71 21 / 89 31 35

Postfach 60
8855 Monheim
Telefon 0 90 91 / 5 01-0
Telex 51 610
Telefax 0 90 91 / 50 11 69

SCHWERING-TÜRENWERK
GmbH & Co. KG
Dorstener Straße 30
4421 Reken 1
Telefon 0 28 64 / 81-0
Telex 813 354 ringo d
Telefax 0 28 64 / 81 58

TEUTOBURGER SPERRHOLZWERK
Georg Nau GmbH
4930 Detmold
Telefon 0 52 32 / 81 21
Telex 931 447
Telefax 0 52 32 / 8 79 23

THERMOPAL Dekorplatten
GmbH & Co. KG
Wurzacher Straße 32
7970 Leutkirch 1
Telefon 0 75 61 / 8 90
Telex 732 781
Telefax 0 75 61 / 8 92 32

TRIANGEL SPANPLATTEN GMBH
3177 Sassenburg
Telefon 0 53 71 / 68 90
Telex 957 119
Telefax 0 53 71 / 6 89 91

WERZALIT AG & CO.
Gronauer Straße 70
7141 Oberstenfeld
Telefon 0 70 62 / 5 00
Telex 728 859

WESTAG & GETALIT AG
Hellweg 21
4840 Rheda-Wiedenbrück
Telefon 0 52 42 / 17-0
Teletex 17-5 24 28 13
Telefax 0 52 42 / 32 50

WILHELMI WERKE
GmbH & Co. KG
Postfach 55
6335 Lahnau 2-Dorlar
Telefon 0 64 41 / 6 01-0
Telex 483 828
Telefax 0 64 41 / 6 34 39
Btx* 6 01 06

WIRUS-WERKE
W. Ruhenstroth GmbH
Postfach 33 61
4830 Gütersloh 1
Telefon 0 52 41 / 8 10-87 10
Telex 933 843
Telefax 0 52 41 / 87 14 44

WT WALDSEE-TÜREN GMBH
Biberacher Straße 94–112
7967 Bad Waldsee
Telefon 0 75 24 / 80 73
Telex 732 731
Telefax 0 75 24 / 80 77

Baustoffe

Vereinigung Deutscher Sägewerksverbände e.V.

Bauschnittholz

Für den Holzrahmenbau wird Bauschnittholz benötigt, das neben üblichen Gütemerkmalen eine Holzfeuchte von ca. 18% (technisch getrocknet) haben muß. Außerdem kann es für manchen Zimmereibetrieb zweckmäßig sein, das Holz im Sägewerk imprägnieren, hobeln und/oder auch ablängen zu lassen.

Die Landesverbände der Sägeindustrie führen einen Nachweis über Sägewerke, die Holz in der für den Holzrahmenbau notwendigen Spezifikation liefern können.

Bei Anfragen sollten Sie folgende Kriterien berücksichtigen:

Güteklasse:	II nach DIN 4074
Schnittklasse:	S (scharfkantig)
Holzfeuchte:	u_m ca. 18%
falls gewünscht	
Holzschutz:	I_V, P nach DIN 68 800, Teil 3, für Innenräume geeignet
Hobelung:	Schmalseiten oder vierseitig gehobelt
Ablängen:	rechtwinkelig gekappt, Längentoleranz ± 2 mm

Vereinigung Deutscher Sägewerksverbände e.V.
Postfach 61 28
6200 Wiesbaden
Telefon 0 61 21 / 30 00 20

Anfragen sind je nach regionalem Bedarf zu richten an:

Verband der Bayerischen Säge- und Holzindustrie e.V.
Prannerstraße 9/I, 8000 München 2
Telefon 0 89 / 29 45 61-63

Verband der Württembergischen Säge- und
Holzverarbeitungsindustrie e.V.
Smaragdweg 6
7000 Stuttgart 1
Telefon 07 11 / 22 70 35-36

Verband Badischer Säge- und Holzindustrie e.V.
Maltererstraße 18
7800 Freiburg i. Br.
Telefon 07 61 / 3 23 21

Verband der Pfälzischen Sägewerke e.V.
Postfach 10 10 62
6730 Neustadt/Weinstraße
Telefon 0 63 21 / 8 52-1

Verband der Säge- und Holzwirtschaft des
Saarlandes e.V.
Postfach 22 03
6680 Neunkirchen
Telefon 0 68 21 / 8 84 17

Verband Rheinischer Sägewerke
und verwandter Betriebe e.V.
Moselufer 32
5400 Koblenz
Telefon 02 61 / 4 20 26

Wirtschaftsvereinigung Sägeindustrie Hessen e.V.
Postfach 61 28
6200 Wiesbaden
Telefon 0 61 21 / 30 00 20

Landesverband der Sägeindustrie und verwandter
Betriebe in Nordrhein-Westfalen e.V.
Füllenbachstraße 6
4000 Düsseldorf 30
Telefon 02 11 / 43 49 03

Landesverband der Säge- und Holzindustrie
Niedersachsen e.V.
Am Waldrand 38
3057 Neustadt 2
(einschl. Schleswig-Holstein)
Telefon 0 50 72 / 13 92

Verband der Säge- und Hobelwerke
von Hamburg und Umgebung e.V.
Andreas-Gayk-Straße 13
2300 Kiel 1
Telefon 04 31 / 9 62 11

Arbeitsgemeinschaft Berliner Sägewerke
Niederneuendorfer Allee 35–40
1000 Berlin 20
Telefon 0 30 / 3 35 20 56

6 II

BAUTEILE
TECHNISCHE DATEN
DETAILS

Bauteile, Technische Daten, Details: Inhalt   6 II

- 6.0 II FÜR DIE ANWENDUNG
- 6.1 II AUSSENWÄNDE
  - 6.11 II MIT DURIPANEL
  - 6.12 II MIT FERMACELL
- 6.2 II GEBÄUDEABSCHLUSSWÄNDE
  - 6.21 II MIT DURIPANEL
  - 6.22 II MIT FERMACELL
  - 6.24 II MIT GIPSKARTON
- 6.3 II TRAGENDE INNENWÄNDE
  - 6.31 II MIT DURIPANEL
  - 6.32 II MIT FERMACELL
- 6.4 II FREISTEHENDE STÜTZEN (SIEHE TEIL 1)

- 6.5 STÜRZE; UNTERZÜGE (SIEHE TEIL 1)
- 6.6 II NICHTTRAGENDE TRENNWÄNDE
  - 6.61 II MIT DURIPANEL
  - 6.62 II MIT FERMACELL
  - 6.63 II HNT VERBINDUNGSTECHNIK FÜR HOLZ
  - 6.64 II INDUSTRIEGRUPPE GIPSKARTONPLATTEN
  - 6.68 II VERBAND DER DEUTSCHEN HOLZWERKSTOFFINDUSTRIE
- 6.7 II DECKEN, DÄCHER
  - 6.71 II DECKEN, DACHSCHRÄGEN MIT DURIPANEL
  - 6.72 II DECKEN MIT FERMACELL
  - 6.74 II DECKEN, DACHSCHRÄGEN, INDUSTRIEGRUPPE GIPSKARTONPLATTEN
  - 6.78 II DECKEN, VERBAND DER DEUTSCHEN HOLZWERKSTOFFINDUSTRIE
- 6.8 BÄDER, DUSCHEN, WANDHÄNGENDE LASTEN (SIEHE TEIL 1)
- 6.9 II SYSTEMZUBEHÖR, SYSTEMERGÄNZUNGEN
  - 6.93 II ANBAUTEN, HNT VERBINDUNGSTECHNIK FÜR HOLZ
  - 6.94 II GIPSKARTONPROFILE, INDUSTRIEGRUPPE GIPSKARTONPLATTEN
  - 6.98 II ZUBEHÖR FÜR HOLZWERKSTOFFBEKLEIDUNG, VERBAND DER DEUTSCHEN HOLZWERKSTOFFINDUSTRIE

Bauteile, technische Daten, Details   Für die Anwendung   6.00.00 II

Für die Anwendung

Bauteile in Holzrahmenbau, Teil II

Bei allen Bauteilen in Holzrahmenbau Teil II sind wesentliche technische Daten durch bauaufsichtliche Zulassung, Prüfzeugnisse, Prüfbescheide oder ähnliches abgesichert. Diese Nachweise sind auf Veranlassung und zu Kosten des jeweiligen Inhabers erbracht und die daraus entnommenen technischen Daten des Teiles II liegen somit in der Verantwortung des Inhabers. Der Herausgeber hat die einheitliche technische Darstellung, das Layout und die Einhaltung der gleichen Grundlagen für die Angaben geleistet.

Nachweise der zuvor beschriebenen Art sind z. T. in ihrer Gültigkeit beschränkt und dem heutzutage schnellen technischen Wandel unterworfen. Es obliegt der Verantwortung des Verwenders dieser Bauteile, bei dem jeweiligen Inhaber die Nachweise anzufordern, Gültigkeit und Anwendungsbereich zu überprüfen und alle aus dem Nachweis resultierenden Anforderungen an Bestandteile und Ausführung des Bauteils einzuhalten.

Geltungsbereich

Soweit nicht anderes angegeben ist, gelten die Seiten 6.00.01 und 6.00.02, Holzrahmenbau Teil I, „Geltungsbereich" auch für den Teil II.

Technische Daten aufgrund besonderer Nachweise

— Brandschutz

nach DIN 4102 ist die Baustoffklasse von Baustoffen und die Feuerwiderstandsklasse von Bauteilen durch Prüfzeugnis oder ggf. durch Prüfbescheid nachzuweisen, wenn die Brandschutzkennwerte nicht in DIN 4102 angegeben sind. Liegen gültige brandschutztechnische Prüfzeugnisse vor, so gilt der Nachweis genauso erbracht wie für genormte Stoffe und Bauteile. Die Klassifizierung gilt nur dann, wenn die in den Nachweisen angegebenen Voraussetzungen und Randbedingungen, z. B. Anforderungen an anschließende Bauteile eingehalten sind. Insbesondere dürfen nur genau die angegebenen Baustoffe verwendet werden. Nachweise, die weder ein Prüfzeugnis noch eine bauaufsichtliche Zulassung darstellen, z. B. gutachtliche Stellungnahmen, dürfen nur dann zur Anwendung kommen, wenn die Bauaufsichtsbehörde ausdrücklich ihre Zustimmung gegeben hat.

Schallschutz

Luftschallschutz

Während im Holzrahmenbau Teil I im Kapitel 6 zu den jeweiligen Bauteilen die Schallschutzwerte einheitlich unter Einbeziehung baulicher Nebenwege angegeben werden — R'_w —, ist im Teil II eine andere Prozedur zu beachten.

Der schallschutztechnische Kennwert liegt entweder aufgrund einer Prüfung ohne Flankenübertragung — R_w — oder aufgrund einer Prüfung mit Flankenübertragung — R'_w — vor.

Der Rechenwert für Trennwände und Decken ergibt sich dann bei einer nebenwegfreien Prüfung zu

$$R_w, \text{Rech} = R_w - 2 \text{ dB},$$

bei einer Prüfung mit Nebenwegen zu

$$R_w, \text{Rech} = R'_{w,o} + Z - 2 \text{ dB}$$

Die Werte für Z (Zuschläge nach Tabelle 1, Entwurf DIN 4109, Teil 7, Ausgabe 1984, für die rechnerische Ermittlung von R_w ergeben sich aus der folgenden Tabelle:

$R'_{w,o}$ (dB)	48	50	52	54
Z (dB)	1	2	3	4

Für den vereinfachten Nachweis der resultierenden Luftschalldämmung sind dann für alle an der Schallübertragung beteiligten trennenden und flankierenden Bauteile die folgenden Bedingungen zu erfüllen:

$$R_w, \text{Rech} = \text{erf } R'_w + 5 \text{ dB}$$
$$R_{Lw,i} = \text{erf } R'_w + 5 \text{ dB}$$

Die Werte für $R_{Lw,i}$ (bewertetes Schall-Längsdämm-Maß) sind entweder den Tabellen 3, 4 und 5 von Entwurf DIN 4109 zu entnehmen oder es ist nach Abschnitt 4.2.8.3 Entwurf DIN 4109 Teil 7 zu verfahren.

Im übrigen wird auf Anhang A Entwurf DIN 4109 Teil 7 verwiesen, in dem der vereinfachte Nachweis sowie die genauere rechnerische Ermittlung der Luftschalldämmung erläutert wird.

Bauteile, technische Daten, Details

Trittschallschutzmaß

Das Trittschallschutzmaß TSM läßt sich für Räume unter Massivdecken nach der Beziehung

$$TSM = TSM_{eq} + VM$$

ermitteln.

Hierin bedeutet:

TSMeq das äquivalente Trittschallschutzmaß der Massivdecke mit / ohne Unterdecke (vgl. Entwurf DIN 4109 Teil 3).

VM das Trittschallverbesserungsmaß der Deckenauflage (z. B. schwimmender Estrich, Bodenbelag, vgl. Entwurf DIN 4109 Teil 3).

Der so errechnete Wert für TSM muß mindestens 2 dB höher sein als der geforderte Wert.

BAUAUFSICHTLICH VORGESCHRIEBENE NACHWEISE MÜSSEN STETS GÜLTIG SEIN UND BEI DER ANWENDUNGSSTELLE VORLIEGEN.

Für Holzbalkendecken ist der Nachweis der Trittschalldämmung durch Eignungsprüfung DIN 4109 oder durch Rechnung zu führen, Ausführungsbeispiele sind im Beiblatt 1 zu DIN 4109 enthalten und soweit möglich in Teil II berücksichtigt.

Weiterhin ist zu beachten, daß bei bestimmten Anordnungen von Räumen zueinander auch die schräge Schallübertragung, z. B. durch die Decke in schräg darunterliegende Räume maßgebend werden kann. Hierüber können in diesem Buch leider keine Angaben gemacht werden, da die Zusammenhänge zu komplex sind, um sie hier darstellen zu können.

6.1 II
AUSSENWÄNDE

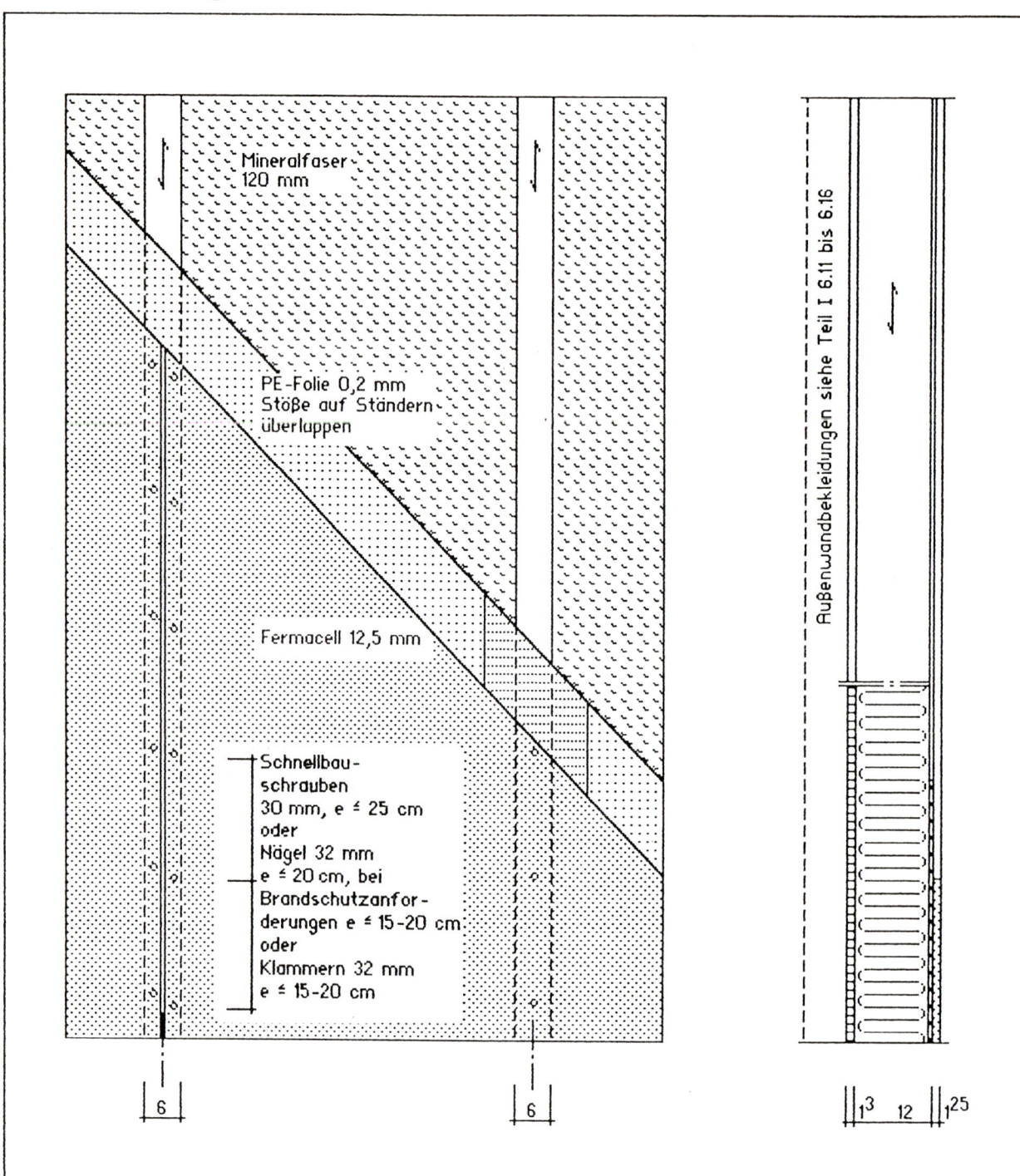

Innenbekleidung der Außenwände — Fermacell 6.12.01 II

Mineralfaser 120 mm

PE-Folie 0,2 mm Stöße auf Ständern überlappen

Fermacell 12,5 mm

Schnellbauschrauben 30 mm, e ≤ 25 cm oder Nägel 32 mm e ≤ 20 cm, bei Brandschutzanforderungen e ≤ 15–20 cm oder Klammern 32 mm e ≤ 15–20 cm

Außenwandbekleidungen siehe Teil I 6.11 bis 6.16

Verbindungen bei mittragender Beplankung (Aussteifung) siehe 8.42.01 ff.

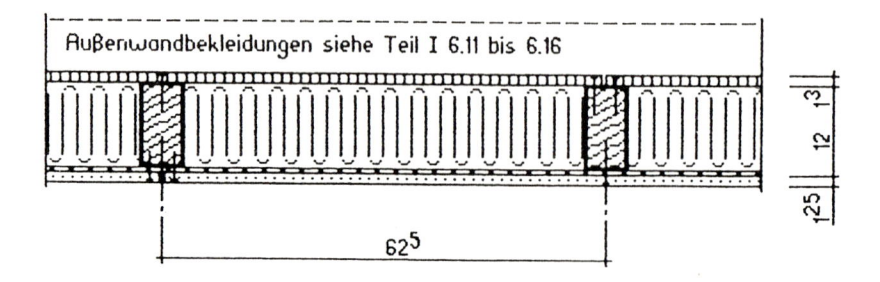

Außenwandbekleidungen siehe Teil I 6.11 bis 6.16

Befestigung wandhängender Lasten und Bäder, Duschen siehe Teil I 6.80

Konstruktion — Ansicht, Grundriß, Schnitt M = 1:10

Innenbekleidung der Außenwand — Fermacell 6.12.02 II

A

$d_A = 14{,}5$
218
2,4 2,4 2,4 1,3 12 0,02 1,25

Innenbekleidung Fermacell
Deckleistenschalung
Vormauerwerk
Mineralischer Putz

Deckel 24/60
Böden 24/115
Latten 24/48
bes. Pappe s. u.
Spanplatte 13
Mineralfaser 120/30
Holzständer 60/120
PE-Folie 0,2 mm
Fermacell 12,5

Gebäudeaussteifung siehe 8.42.01 II ff.

B

$d_A = 23{,}2$
30,5
11,5 4,4 1,3 12 0,02 1,25

Vormauer.
Hinterlüft.
Spanplatte 13
Mineralfaser 120/30
Holzständer 60/120
PE-Folie 0,2 mm
Fermacell 12,5

C

$d_A = 11{,}8$
19,1
2,2 5,1 3 12 0,02 1,25

Putz
HWL 25
bes. Pappe s. u.
Spanplatte 19
Mineralfaser 120/30
Holzständer 60/120
PE-Folie 0,2 mm
Fermacell 12,5

Bauphysik	A	B	C
k-Wert (Wärmedurchgangskoeffizient) nach DIN 4108 (Holzwerk mit 20 % berücksichtigt)	0,39 W/m² K	0,39 W/m² K	0,34 W/m² K
Feuerwiderstandsklasse nach gutachtlicher Stellungnahme	F 30 – B	F 30 – B	F 30 – B
	In Wänden, die schmäler als 1,00 m sind – auch zwischen Öffnungen – sind Brettschichtholzstützen 12/12 cm einzubauen		
Baustoffklasse der äußeren Decklage nach DIN 4102	B	A	A
R (bewertetes Schalldamm-Maß) gegen Außenlärm nach Prüfzeugnis; Orientierungswerte in Klammern	40 dB (42 – 45 dB)	40 dB (45 – 50 dB)	38 dB ohne Vormauerwerk (50 – 52 dB)
Eigenlast			
Eigenlast nach DIN 1055	0,50 v 0,73 kN/m²	0,93 v 1,09 kN/m²	0,37 v 0,54 kN/m² ohne Vor.
Baustoffe			
Außenbekleidungen, übrige Baustoffe	siehe Holzrahmenbau Teil I, 6.11/6.15/6.16		
Tragwerkskonstruktion	siehe Holzrahmenbau Teil I, Kapitel 7		
Innenbekleidung der Außenwände	Fermacell, Gipsfaserplatten, Prüfzeichen PA III 4,9 nach DIN 4102 Teil I		

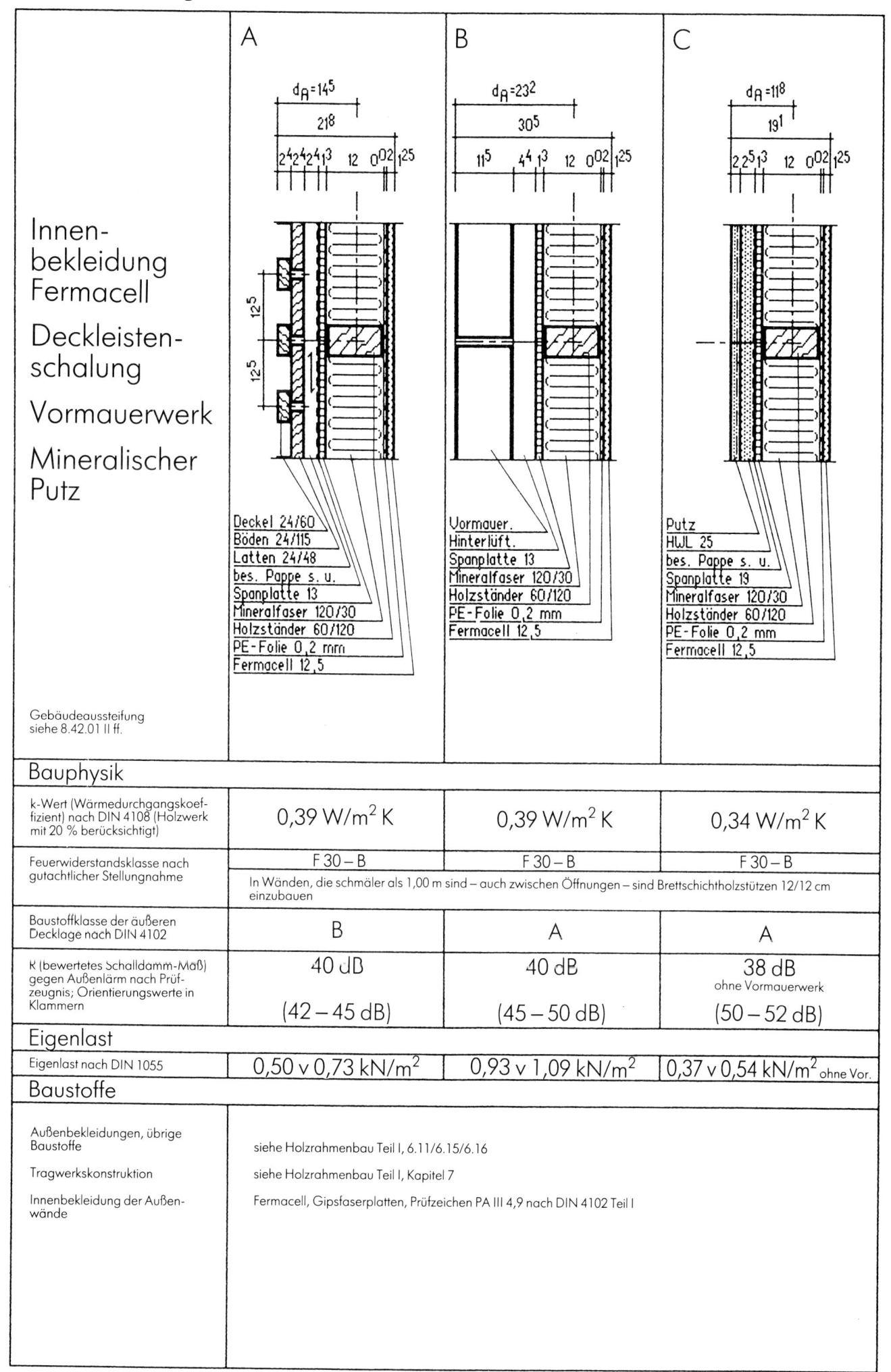

6.20 II
GEBÄUDEABSCHLUSSWÄNDE

Gebäudeabschlußwände

Sprachregelung

Hier wird unter Gebäudeabschlußwand verstanden:

- Wand, die Gebäude innerhalb des verminderten Grenzabstandes abschließt.
- Wand, die keine Brandabschnitte abteilt (also keine Brandwand).

Bestimmungen

Die Regelungen in den Landesbauordnungen zu der Gebäudeabschlußwand sind nicht bundeseinheitlich. Für das jeweilige Bundesland ist zu prüfen, welche Anforderungen an diese Wand bestehen.

Gebäudeabschlußwände in Holzbauart

In Holzbauart sind Gebäudeabschlußwände möglich, die von innen nach außen der Feuerwiderstandsklasse F 30–B und von außen nach innen der Feuerwiderstandsklasse F 90–B angehören oder die von beiden Seiten F 90–B erfüllen. Der Schallschutz dieser Wände ist bei zweischaliger Ausführung (Reihenhäuser, jedes mit eigener Gebäudeabschlußwand) ausreichend und erfüllt die Anforderung von mindestens $R'_W = 57$ dB nach Entwurf DIN 4109, Teil 2.

Zu beachten ist, daß bei diesen Konstruktionen die zugehörigen aussteifenden Bauteile die Feuerwiderstandsklasse F 30–B erfüllen müssen, und damit von innen nach außen höchstens die Anforderung F 30–B erfüllt werden kann. Da diese Art der Gebäudeabschlußwand nicht in allen Bundesländern durch die Landesbauordnungen erlaubt ist, muß ggf. die Zustimmung im Einzelfall oder ein Dispens eingeholt werden.

Gebäudeabschlußwände in anderer Bauart

Gebäudeabschlußwände müssen selbständig standsicher sein. Das bedeutet, daß sie ohne das Nachbargebäude die anfallenden Lasten aus Gebäude und Wind sicher aufnehmen müssen. Es bietet sich also an, Gebäudeabschlußwände, die nicht in Holzbauart sind, so an die Holzrahmenbau-Konstruktion anzuschließen, daß sie die Lasten aus Wind und Eigenlast sicher aufnehmen können.

DIN 4102, Teil 4, weist einige Konstruktionen in Massivbauart aus, die für diesen Verwendungszweck geeignet sind und die folgenden Anforderungen erfüllen:

- Feuerwiderstandsklasse F 90–A
- klassifizierter und geprüfter Anschluß an aussteifende Konstruktionen.

Der Schallschutz einer solchen Konstruktion muß ebenfalls $R'_W = 57$ dB erfüllen.

Die Aussteifung von Wänden in Massivbauart durch Holzrahmenbau-Konstruktionen kann hier nicht dargestellt werden. DIN 4102 bietet einige Möglichkeiten an, die eine brandschutztechnisch zulässige Verbindung von Holzbauteilen und Massivbauteilen vorgeben. Der Schallschutz ist jeweils zusätzlich einzuhalten.

Gebäudeabschlußwand

Eternit 6.21.02 II

A

Gebäude-
abschluß-
wand Eternit

GKF 18
GKF 18
Duripanel 13
Mineralfaser 120/30
Holzständer 60/120
PE-Folie 0,2 mm
Duripanel 13

Gebäudeaussteifung siehe
8.41.01 II

Bauphysik

k-Wert (Wärmedurchgangskoeffizient) nach DIN 4108 (Holzwerk mit 20 % berücksichtigt)	0,38 W/m² K (eine Wandseite)		
Feuerwiderstandsklasse nach gutachtlicher Stellungnahme	von innen: F 30 – B von außen: F 90 – B		
Baustoffklasse der äußeren Decklage nach DIN 4102	A		
R'_w (bewertetes Schalldämm-Maß) laut Prüfzeugnis	(geschätzt 60 dB)		
gegen Außenlärm, Orientierungswert	(42 dB)		

Eigenlast

Eigenlast nach DIN 1055	0,80 v 0,90 kN/m²	jeweils eine Wandhälfte	

Baustoffe

Holzständer, Bauschnittholz	DIN 4074 Teil 1, Güteklasse II, Schnittklasse S, Holzfeuchte $u_m \leq 18$ %, Holzschutz DIN 68 800 bzw. Einführungserlaß, nach Meinung der Verfasser I_v, P erforderlich
Duripanel-Beplankung	Zementgebundene Holzspanplatten, Duripanel, Baustoffklasse B1, laut bauaufsichtlicher Zulassung Z 9.1-120, Einsatzbereich wie Holzwerkstoffklasse U 100 G, bei statischer Beanspruchung Zulassungsbescheid und Seite 8.41.01 beachten
Mineralfaserdämmstoff	DIN 18 165 Teil 1, Anwendungstyp W oder WD, Platten, Wärmeleitfähigkeitsgruppe 040, Baustoffklasse A, Schmelzpunkt größer als 1000 °C, Rohdichte s. o., längenbezogener Strömungswiderstand größer als 5 kNs/m⁴
Gipskartonplatten	DIN 18 180, Feuerschutzplatten (GKF)

Gebäudeabschlußwand — Eternit 6.21.03 II

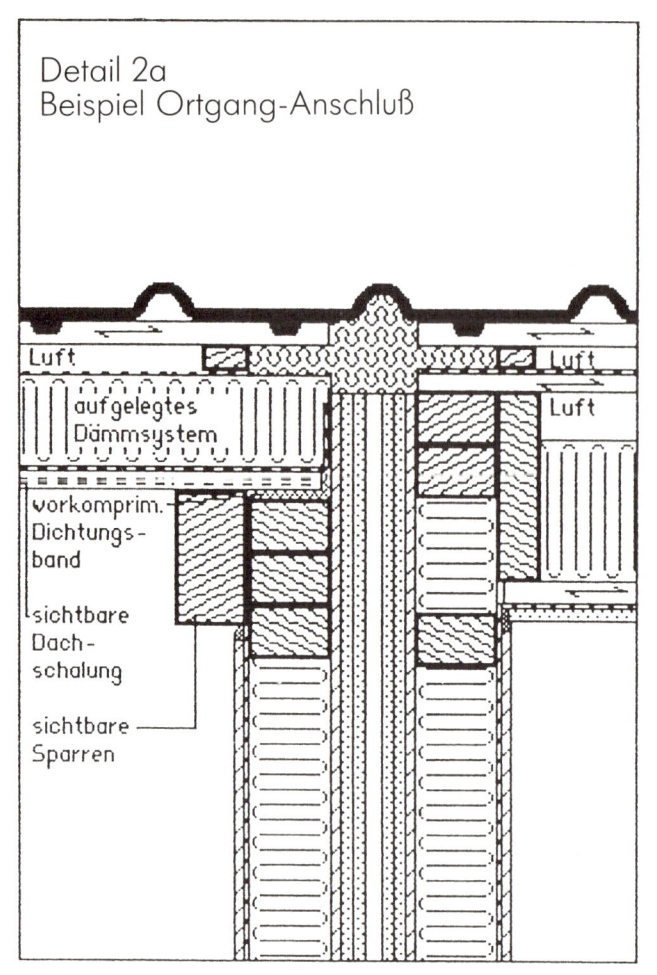

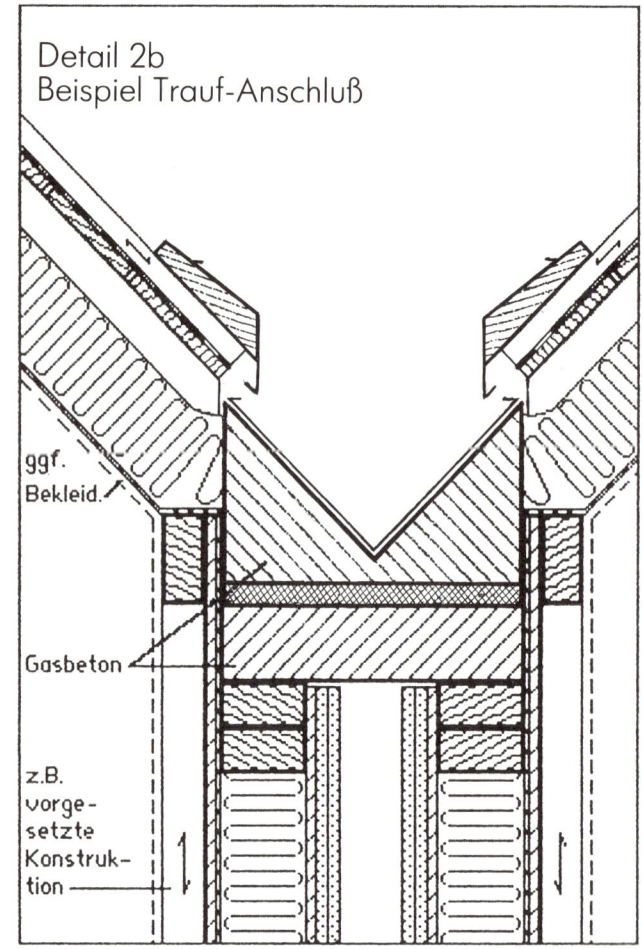

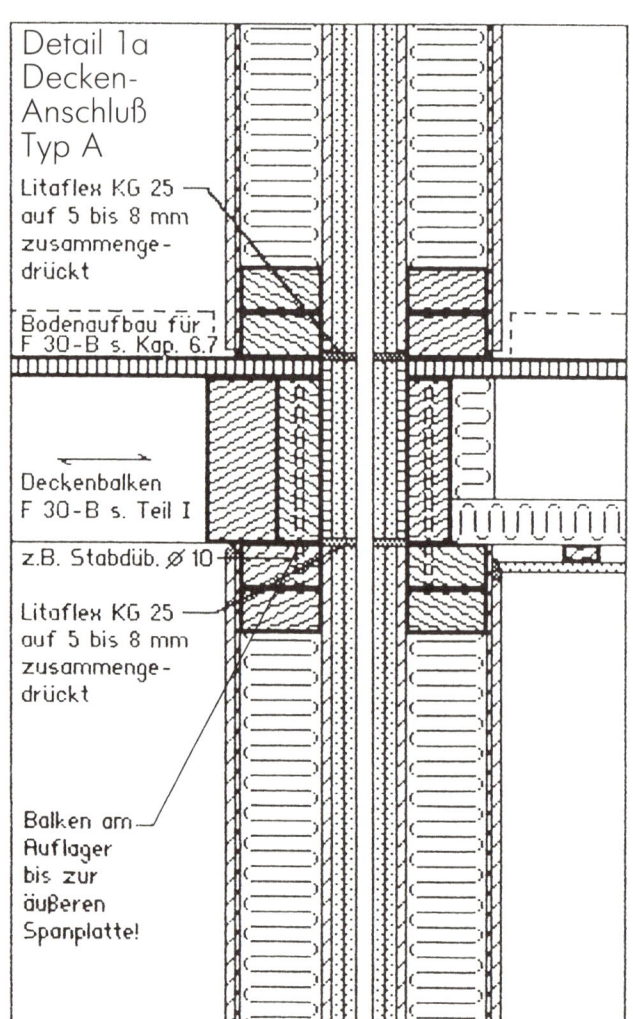

Detail 2a
Beispiel Ortgang-Anschluß

- Luft
- aufgelegtes Dämmsystem
- vorkomprim. Dichtungsband
- sichtbare Dachschalung
- sichtbare Sparren

Detail 2b
Beispiel Trauf-Anschluß

- ggf. Bekleid.
- Gasbeton
- z.B. vorgesetzte Konstruktion

Detail 1a
Decken-Anschluß Typ A

- Litaflex KG 25 auf 5 bis 8 mm zusammengedrückt
- Bodenaufbau für F 30-B s. Kap. 6.7
- Deckenbalken F 30-B s. Teil I
- z.B. Stabdüb. Ø 10
- Litaflex KG 25 auf 5 bis 8 mm zusammengedrückt
- Balken am Auflager bis zur äußeren Spanplatte!

Anschluß-Details — Schnitte M = 1:10

Gebäudeabschlußwand — Fermacell 6.22.01 II

Typ A

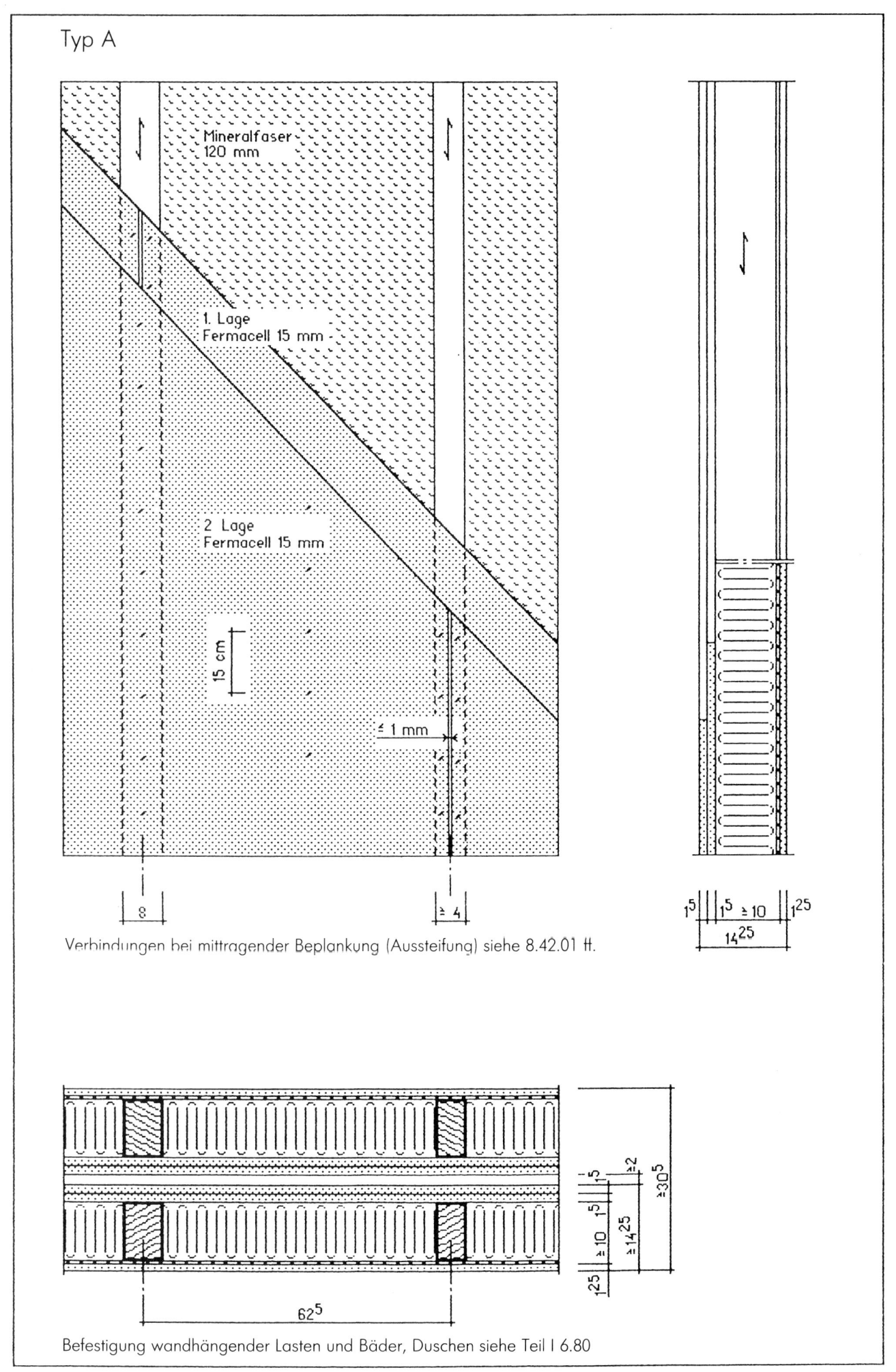

Mineralfaser 120 mm

1. Lage Fermacell 15 mm

2. Lage Fermacell 15 mm

15 cm

≤ 1 mm

Verbindungen bei mittragender Beplankung (Aussteifung) siehe 8.42.01 ff.

Befestigung wandhängender Lasten und Bäder, Duschen siehe Teil I 6.80

Konstruktion — Ansicht, Grundriß, Schnitt M = 1:10

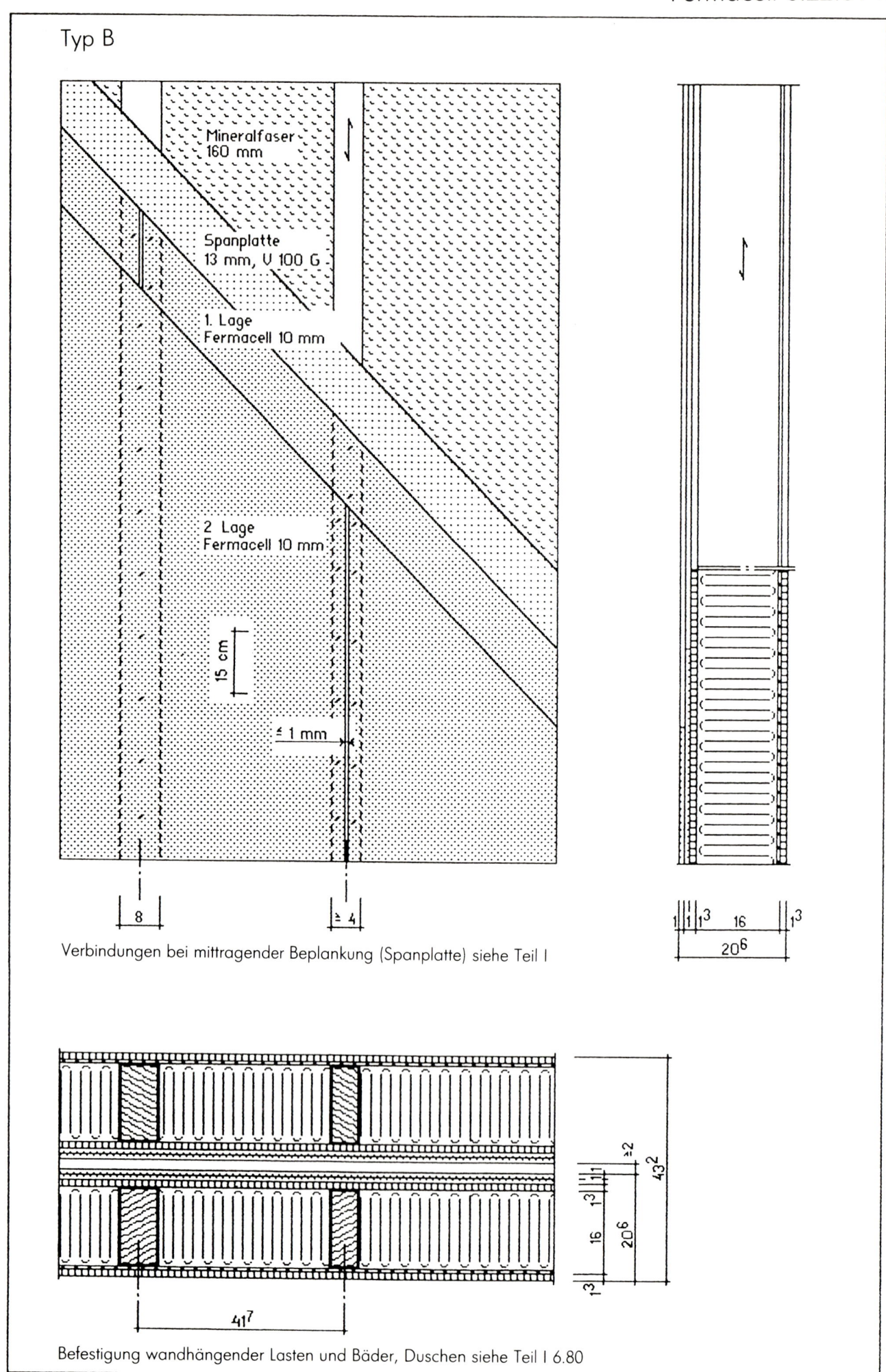

Gebäudeabschlußwand

Fermacell 6.22.01 II

Typ B

- Mineralfaser 160 mm
- Spanplatte 13 mm, V 100 G
- 1. Lage Fermacell 10 mm
- 2. Lage Fermacell 10 mm

15 cm

≤ 1 mm

8 | ≥ 4

Verbindungen bei mittragender Beplankung (Spanplatte) siehe Teil I

1 | 1³ | 1³ | 16 | 1³
20⁶

≥ 2
1¹
43²
16
1³
20⁶
1³

41⁷

Befestigung wandhängender Lasten und Bäder, Duschen siehe Teil I 6.80

Konstruktion Ansicht, Grundriß, Schnitt M = 1:10

Gebäudeabschlußwand   Fermacell 6.22.02 II

	A	B	
Gebäude-abschlußwand Fermacell	Fermacell 15 Fermacell 15 Mineralf. 100/40 Holzständer 80/120 PE-Folie 0,2 mm Fermacell 12,5	Fermacell 10 Fermacell 10 Spanplatte 13 Mineralf. 160/30 Holzständer 80/160 PE-Folie 0,2 mm Spanplatte 13	
Gebäudeaussteifung siehe 8.42.01 II ff.			
Bauphysik			
k-Wert (Wärmedurchgangskoeffizient) nach DIN 4108 (Holzwerk mit 20 % berücksichtigt)	$0{,}38 \text{ W/m}^2 \text{ K}$ (eine Wandseite)	$0{,}29 \text{ W/m}^2 \text{ K}$ (eine Wandseite)	
Feuerwiderstandsklasse nach Prüfzeugnis gemäß DIN 4102 Teil I	von innen: F 30 – B von außen: F 90 – B	von innen: F 30 – B von außen: F 90 – B	
Baustoffklasse der äußeren Decklage nach DIN 4102	A	A	
R'w (bewertetes Schalldämm-Maß) laut Prüfzeugnis	62 dB	66 dB	
gegen Außenlärm, Orientierungswert	(42 dB)	(45 dB)	
Eigenlast			
Eigenlast nach DIN 1055	$0{,}60 \text{ v } 0{,}70 \text{ kN/m}^2$	$0{,}54 \text{ v } 0{,}76 \text{ kN/m}^2$	jeweils eine Wandhälfte
Baustoffe			
Holzständer, Bauschnittholz	DIN 4074 Teil 1, Güteklasse II, Schnittklasse S, Holzfeuchte $u_m \leq 18\%$, Holzschutz DIN 68 800 bzw. Einführungserlaß, nach Meinung der Verfasser I_v, P erforderlich		
Holzspanplatten	DIN 68 763, Flachpreßplatten für das Bauwesen, V 100 G, E 1, Rohdichte größer als 600 kg/m³; oder bauaufsichtlich zugelassene; innen, wenn Feuchteaufnahme im Bauzustand ausgeschlossen V 20, E 1 möglich		
Mineralfaserdämmstoff	DIN 18 165 Teil 1, Anwendungstyp W oder WD, Platten, Wärmeleitfähigkeitsgruppe 040, Baustoffklasse A, Schmelzpunkt größer als 1000 °C, Rohdichte s.o., längenbezogener Strömungswiderstand größer als 5 kNs/m⁴		
Fermacell-Beplankung	Fermacell, Gipsfaserplatten, Prüfzeichen PA III 4,6 nach DIN 4102 Teil I		

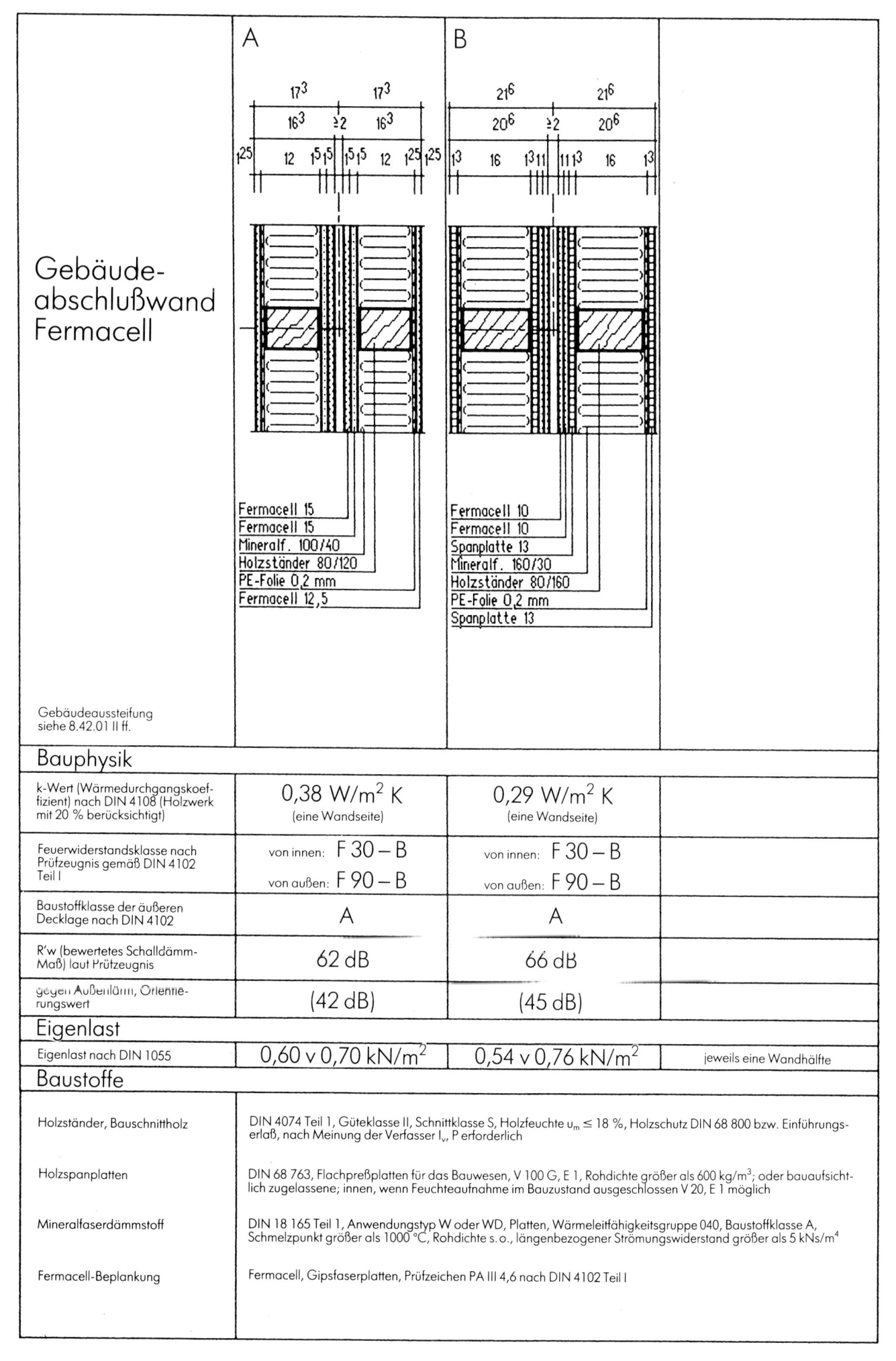

Gebäudeabschlußwand

Fermacell 6.22.03 II

Detail 2a Beispiel Ortgang-Anschluß
- Luft
- aufgelegtes Dämmsystem
- vorkomprim. Dichtungsband
- sichtbare Dachschalung
- sichtbare Sparren

Detail 2b Beispiel Trauf-Anschluß
- ggf. Bekleid.
- Gasbeton
- z.B. vorgesetzte Konstruktion

Detail 1a Decken-Anschluß Typ A
- Bodenaufbau für F 30-B s. Kap. 6.7
- Brandschott l ≥ 25 cm
- Deckenbalken F 30-B s. Teil I
- z.B. Stabdübel ⌀ 10

Detail 1b Decken-Anschluß Typ B
- z.B. Stabdübel ⌀ 10

Anschluß-Details

Schnitte M = 1:10

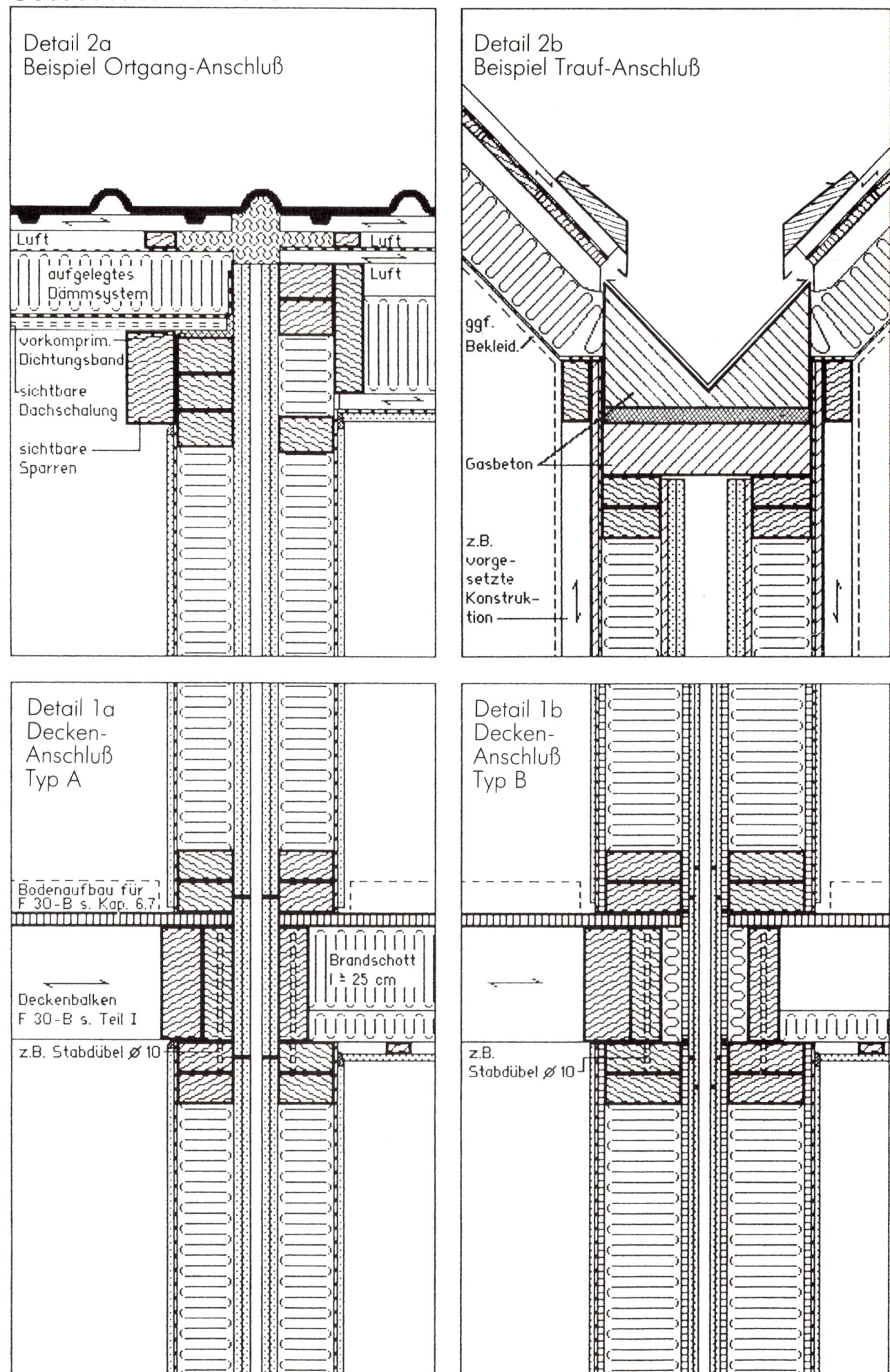

Gebäudeabschlußwand | IGG, Knauf 6.24.01 II

Außenbekleidung

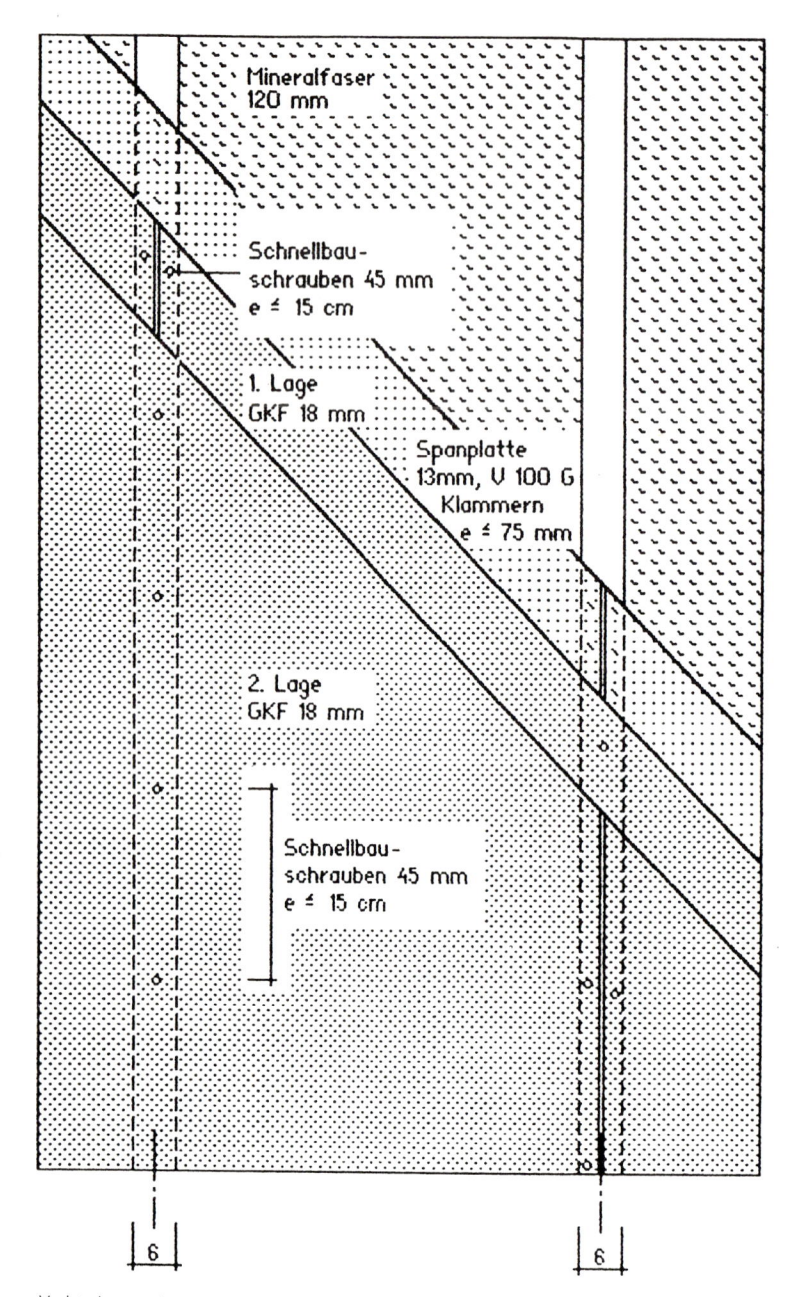

- Mineralfaser 120 mm
- Schnellbauschrauben 45 mm, e ≤ 15 cm
- 1. Lage GKF 18 mm
- Spanplatte 13mm, V 100 G, Klammern e ≤ 75 mm
- 2. Lage GKF 18 mm
- Schnellbauschrauben 45 mm, e ≤ 15 cm

alle Innenbekleidungen, die bei Außenwänden F – 30 B erfüllen sind zulässig

Gesamtdicke je nach Innenbekleidung

Verbindungen bei mittragender Beplankung (Spanplatte) siehe 8.44.01 II ff.

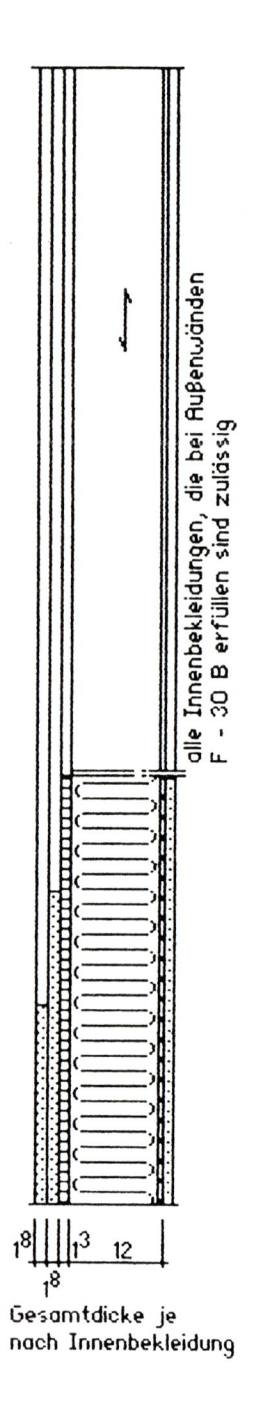

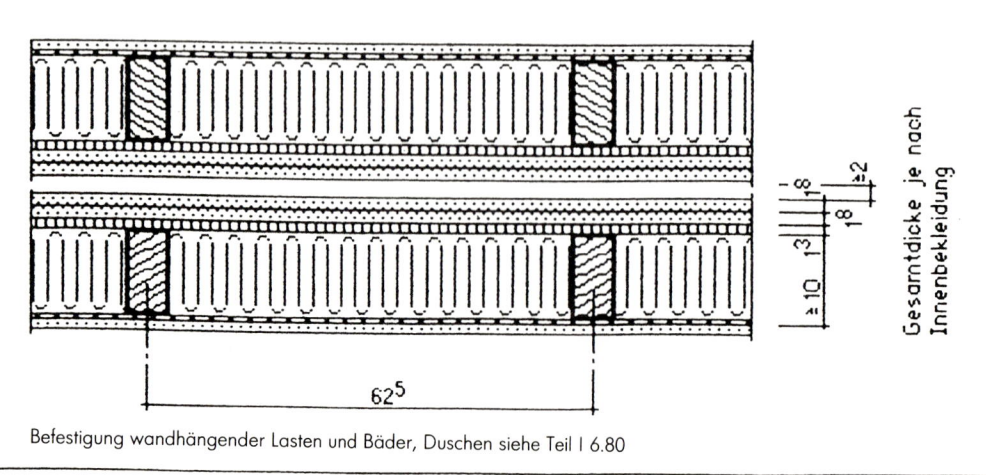

Befestigung wandhängender Lasten und Bäder, Duschen siehe Teil I 6.80

Gesamtdicke je nach Innenbekleidung

Konstruktion | Ansicht, Grundriß, Schnitt M = 1:10

Gebäudeabschlußwand

IGG, Knauf 6.24.02 II

Gebäude-
abschlußwand
IGG
Knauf

A

GKF 18
GKF 18
Spanplatte 13
Mineralfaser 120/30
Holzständer 60/120
PE-Folie 0,2 mm
GKF 12,5

B

GKF 18
GKF 18
Spanplatte 13
Mineralfaser 120/30
Holzständer 60/120
PE-Folie 0,2 mm
Spanplatte 10
GKB 9,5

Bauphysik

	A	B	
k-Wert (Wärmedurchgangskoeffizient) nach DIN 4108 (Holzwerk mit 20 % berücksichtigt)	0,36 W/m² K (eine Wandseite)	0,35 W/m² K (eine Wandseite)	
Feuerwiderstandsklasse nach Prüfzeugnis gemäß DIN 4102 Teil I	von innen: F 30 – B von außen: F 90 – B	von innen: F 30 – B von außen: F 90 – B	
Baustoffklasse der äußeren Decklage nach DIN 4102	A	A	
R'w (bewertetes Schalldämm-Maß) laut Prüfzeugnis	60 dB	62 dB	Messung am Bau mit Schalenabstand ≥ 50 mm
gegen Außenlärm, Orientierungswert	(42 dB)	(45 dB)	

Eigenlast

	A	B	
Eigenlast nach DIN 1055	0,76 v 0,86 kN/m²	0,87 v 0,97 kN/m²	jeweils eine Wandhälfte

Baustoffe

Holzständer, Bauschnittholz	DIN 4074 Teil 1, Güteklasse II, Schnittklasse S, Holzfeuchte u_m ≤ 18 %, Holzschutz DIN 68 800 bzw. Einführungserlaß, nach Meinung der Verfasser I_v, P erforderlich
Holzspanplatten	DIN 68 763, Flachpreßplatten für das Bauwesen, V 100 G, E 1, Rohdichte größer als 600 kg/m³; oder bauaufsichtlich zugelassene; innen, wenn Feuchteaufnahme im Bauzustand ausgeschlossen V 20, E 1 möglich
Mineralfaserdämmstoff	DIN 18 165 Teil 1, Anwendungstyp W oder WD, Platten, Wärmeleitfähigkeitsgruppe 040, Baustoffklasse A, Schmelzpunkt größer als 1000 °C, Rohdichte s. o., längenbezogener Strömungswiderstand größer als 5 kNs/m⁴
Gipskartonplatten	DIN 18 180, Feuerschutzplatten (GKF), innen bei Typ B Bauplatten (GKB)

Gebäudeabschlußwand

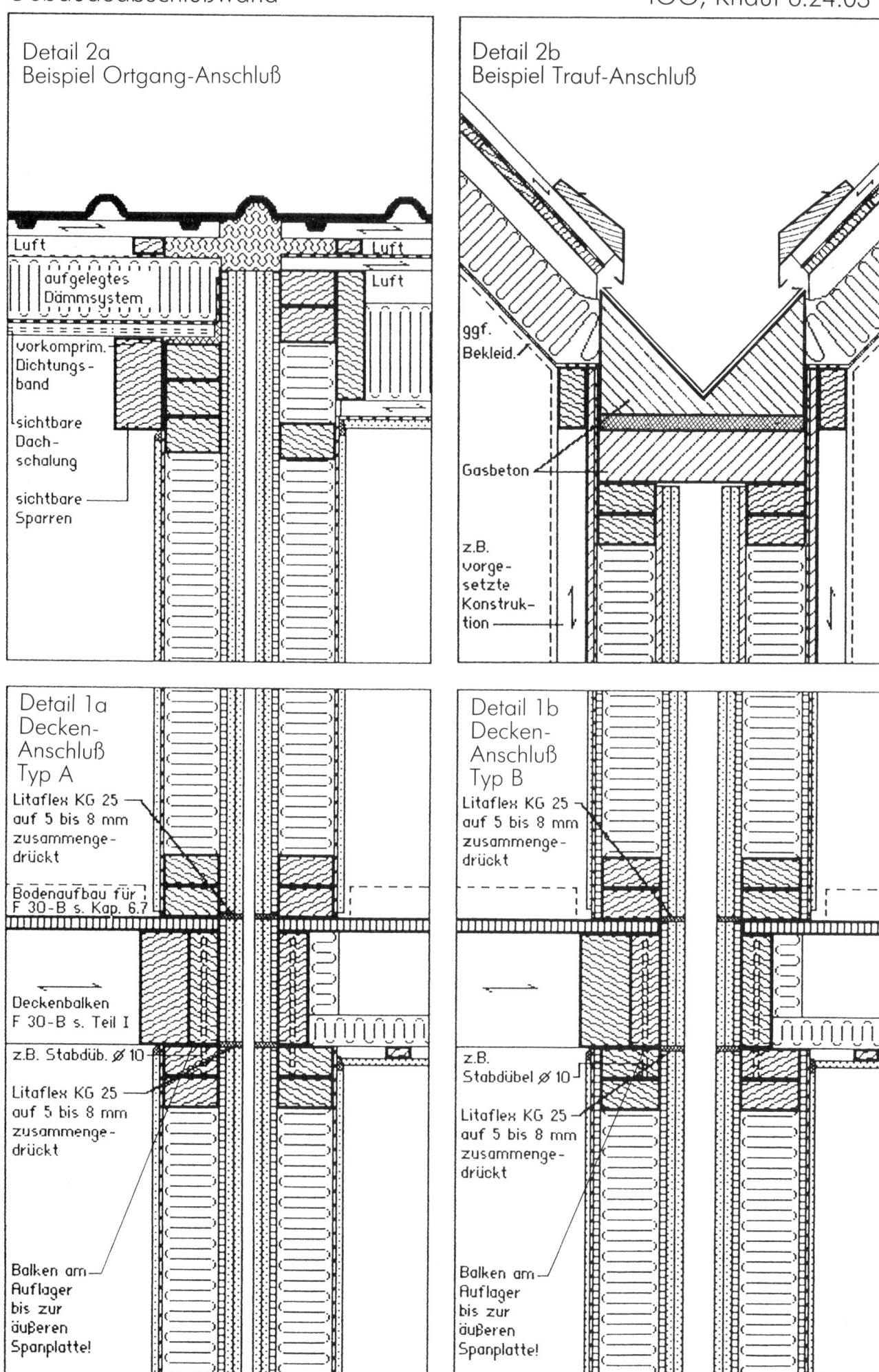

IGG, Knauf 6.24.03 II

Detail 2a Beispiel Ortgang-Anschluß
- Luft
- aufgelegtes Dämmsystem
- vorkomprim. Dichtungsband
- sichtbare Dachschalung
- sichtbare Sparren

Detail 2b Beispiel Trauf-Anschluß
- ggf. Bekleid.
- Gasbeton
- z.B. vorgesetzte Konstruktion

Detail 1a Decken-Anschluß Typ A
- Litaflex KG 25 auf 5 bis 8 mm zusammengedrückt
- Bodenaufbau für F 30-B s. Kap. 6.7
- Deckenbalken F 30-B s. Teil I
- z.B. Stabdüb. Ø 10
- Litaflex KG 25 auf 5 bis 8 mm zusammengedrückt
- Balken am Auflager bis zur äußeren Spanplatte!

Detail 1b Decken-Anschluß Typ B
- Litaflex KG 25 auf 5 bis 8 mm zusammengedrückt
- z.B. Stabdübel Ø 10
- Litaflex KG 25 auf 5 bis 8 mm zusammengedrückt
- Balken am Auflager bis zur äußeren Spanplatte!

Anschluß-Details

Schnitte M = 1:10

6.3 II
TRAGENDE INNENWÄNDE

Tragende Innenwände

Eternit 6.31.01 II

Duripanel

Die Feuerwiderstandsklasse aller tragender Innenwände nach Teil I (S. 6.31.02) und aller in DIN 4102, Teil 4, Abschnitt 4.10 und 4.11, klassifizierten Wandkonstruktionen bleibt bestehen, wenn die dort angegebenen Holzwerkstoffplatten durch Duripanel-Platten B1 ersetzt werden.

Nachweis: Gutachterliche Stellungnahme der Technischen Universität Braunschweig, erhältlich bei Eternit.

Auszug aus DIN 4102, Teil 4 mit Duripanel statt der dort angegebenen Holzwerkstoffplatten.

Konstruktionsmerkmale	Holzrippen	zul. Spannung	Duripanel	Gipskarton	Mineralfaserplatten oder Matten[*]		Holzwolle-Leichtbauplatten	Feuerwiderstandsklasse
	$b_1 \times d_1$	N/mm²	d_2	d_3		Rohdichte		
	mm x mm	N/mm²	mm	mm	mm	kg/m³	mm	
	Tragende, nicht raumabschließende Wände aus Holztafeln							
	50 x 80	2,5	2 x 16		ggf. mindestens B 2			F 30–B
	100 x 100	2,5	16		ggf. mindestens B 2			F 30–B
	40 x 80	2,5	13	9,5	ggf. mindestens B 2			F 30–B
	Tragende, raumabschließende Wände aus Holztafeln							
	40 x 80	2,5	13		80	30		F 30–B
	40 x 80	2,6	13		40	50		F 30–B
	40 x 80	2,5	13				25	F 30–B

[*] bei notwendiger Dämmschicht: Baustoffklasse A, Schmelzpunkt höher als 1000° C

Tragende Innenwand

Eternit 6.31.02 II

	A	B	
Wandanschlüsse wegen des Schallschutzes besonders beachten und sorgfältig ausführen, siehe Teil I 6.31.04 ff. **Tragende Innenwand Eternit** Gebäudeaussteifung siehe 8.41.01 II	7^8 | 7^8 — 15^6 — 1 | 0^8 | 12 | 0^8 | 1 Duripanel 10 Mineralfaserstr. 8 Mineralfaser 40/120 Holzständer 60/120 Mineralfaserstreifen 8 Duripanel 10	7^3 | 7^3 — 14^6 — 1^3 | 12 | 1^3 Duripanel 13 Mineralf. 120/30 Holzständer 60/120 Duripanel 13	
	Bei Wänden gegen Außenluft oder nicht beheizte Räume: auf der beheizten (warmen) Seite zwischen Bekleidung und Holzständern Dampfsperre (PE-Folie 0,2 mm) einbauen.		

Bauphysik

k-Wert bei Trennwänden zwischen beheizten und nicht beheizten Räumen	hier angesetzt Mineralfaser 60 mm 0,51 W/m² K	0,40 W/m² K	
Feuerwiderstandsklasse nach Prüfzeugnis gemäß DIN 4102	F 30 – B nicht raumabschließend	F 30 – B raumabschließend	
R'w (bewertetes Schalldämm-Maß) Orientierungswerte, gelten nicht bei freiliegenden Holzbalken	(46 dB)	(46 dB)	

Eigenlast

Eigenlast nach DIN 1055	0,36 v 0,45 kN/m²	0,45 v 0,51 kN/m²	

Baustoffe

Holzständer, Bauschnittholz	DIN 4074 Teil 1, Güteklasse II, Schnittklasse S, Holzfeuchte $u_m \leq 18\%$, Holzschutz DIN 68 800 bzw. Einführungserlaß, nach Einführungserlaß kein chemischer Holzschutz erforderlich
Duripanel-Beplankung	Zementgebundene Holzspanplatten, Duripanel, hier Baustoffklasse B1, laut bauaufsichtlicher Zulassung Z 9.1-120, bei statischer Beanspruchung Zulassungsbescheid und Seite 8.31.01 II ff. beachten
Mineralfaserdämmstoff	DIN 18 165 Teil 1, Anwendungstyp W oder WD, Platten, Wärmeleitfähigkeitsgruppe 040, Baustoffklasse A, Schmelzpunkt größer als 1000 °C, Rohdichte s. o., längenbezogener Strömungswiderstand größer als 5 kNs/m⁴

Innenwand, tragend

Fermacell 6.32.01 II

Typen A und B hier dargestellt Typ A

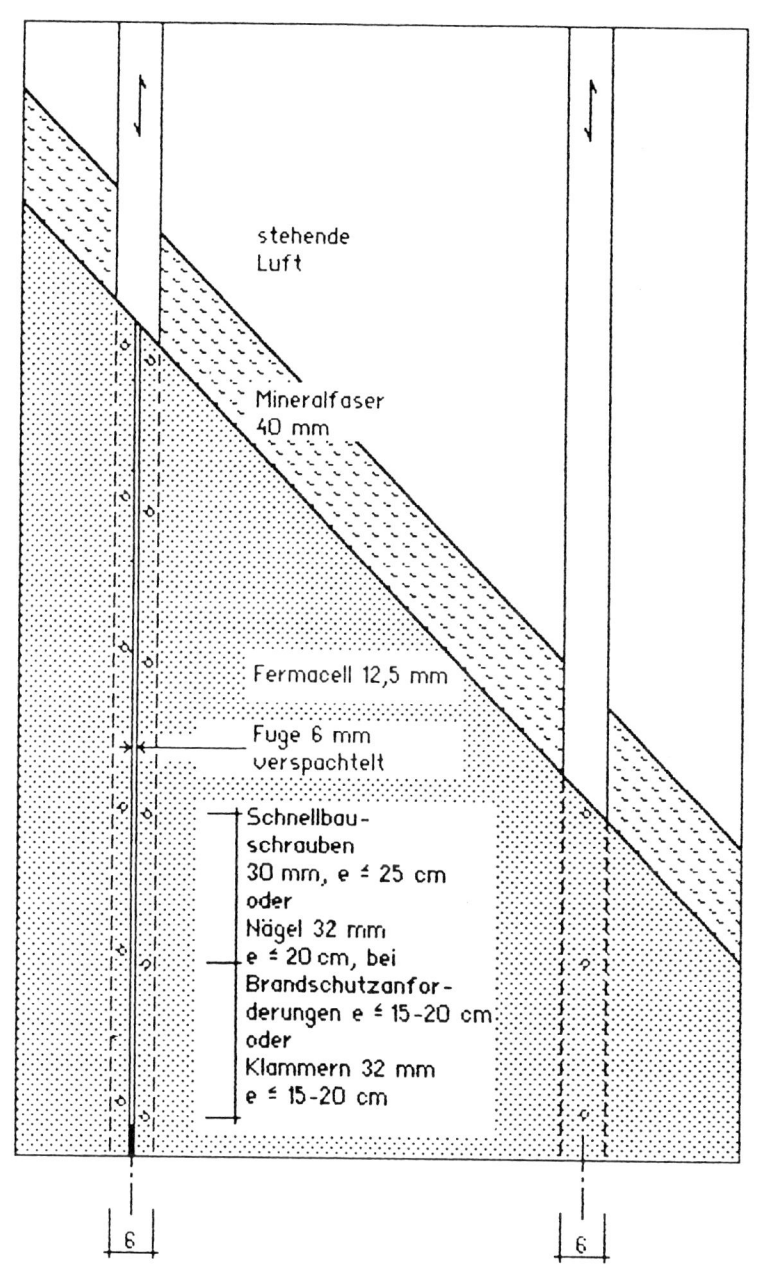

- stehende Luft
- Mineralfaser 40 mm
- Fermacell 12,5 mm
- Fuge 6 mm verspachtelt
- Schnellbauschrauben 30 mm, e ≤ 25 cm oder Nägel 32 mm e ≤ 20 cm, bei Brandschutzanforderungen e ≤ 15-20 cm oder Klammern 32 mm e ≤ 15-20 cm

Verbindungen bei mittragender Beplankung (Aussteifung) siehe 8.42.01 ff.

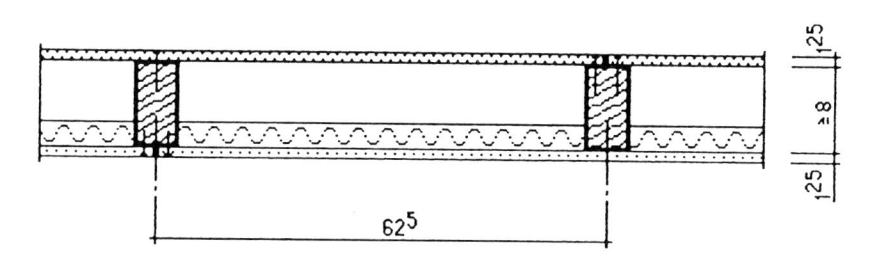

Befestigung wandhängender Lasten und Bäder, Duschen siehe Teil I 6.80

Konstruktion

Ansicht, Grundriß, Schnitt M = 1:10

Innenwand, tragend — Fermacell 6.32.01 II

Typ C

stehende Luft

Mineralfaser 60 mm

Fermacell 12,5 mm
1. Lage, Befestigungsmittel e ≤ 40 cm

1. Lage Haarfuge nicht verspachtelt

Fermacell 10 mm
Schnellbauschrauben
45 mm, e ≤ 20 cm
oder
Nägel 45 mm
e ≤ 20 cm, bei
Brandschutzanforderungen e ≤ 15-20 cm
oder
Klammern 50 mm
e ≤ 15-20 cm

2. Lage, 6 mm Fuge verspachtelt

Verbindungen bei mittragender Beplankung (Aussteifung) siehe 8.42.01 ff.

Befestigung wandhängender Lasten und Bäder, Duschen siehe Teil I 6.80

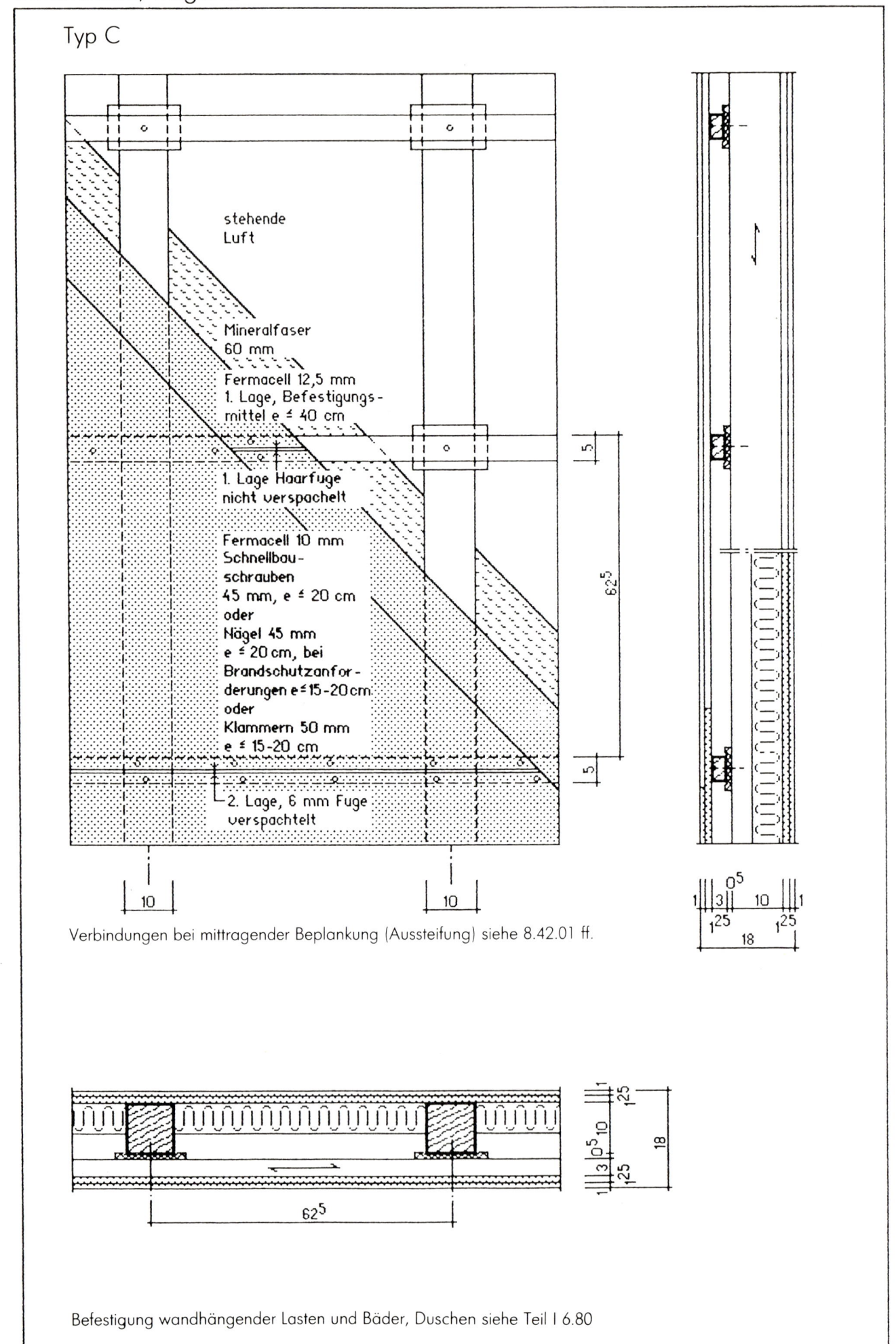

Konstruktion — Ansicht, Grundriß, Schnitt M = 1:10

Tragende Innenwand

Fermacell 6.32.02 II

Wandanschlüsse wegen des Schallschutzes besonders beachten und sorgfältig ausführen, siehe Teil I 6.31.04 ff.

A

B

C
als Wohnungstrennwand geeignet

Tragende Innenwand Fermacell

A:
Fermacell 12,5
Mineralf. 40/40
Holzst. 60/80 - 60/120
Fermacell 12,5

Gebäudeaussteifung nach Seiten 8.42.01 II ff.

B:
Fermacell 15
Mineralf. 40/40
Holzst. 40/80 - 60/120
Spanplatte 8
Fermacell 10

Alle Werte gelten auch für beidseitige Beplankung mit Fermacell 15 mm, Gebäudeaussteifung dann nach Seiten 8.42.01 II ff.

C:
Fermacell 10
Fermacell 12,5
Mineralfaser 60/50
Holzständer 100/100
Mineralfaserzw.-lage 10
Lattung 30/50
Fermacell 12,5
Fermacell 10

Gebäudeaussteifung nach Seiten 8.42.01 II ff.

Bei Wänden gegen Außenluft oder nicht beheizte Räume: auf der beheizten (warmen) Seite zwischen Bekleidung und Holzständern Dampfsperre (PE-Folie 0,2 mm) einbauen.

Bauphysik

	A	B	C
k-Wert bei Trennwänden zwischen beheizten und nicht beheizten Räumen	hier angesetzt Mineralfaser 80 mm $0,48 \text{ W/m}^2 \text{ K}$	$0,46 \text{ W/m}^2 \text{ K}$	$0,48 \text{ W/m}^2 \text{ K}$
Feuerwiderstandsklasse nach Prüfzeugnis bzw. gutachtlicher Stellungnahme	F 30 – B	F 30 – B	F 90 – B
	nicht raumabschließend		raumabschließend
R'w (bewertetes Schalldämm-Maß) laut Prüfzeugnis, gilt nicht bei freiliegenden Holzbalken	42 dB	42 dB	47 dB
R'w bei Ausführung der Anschlüsse nach Seite 6.31.08 Teil I			54 dB

Eigenlast

	A	B	C
Eigenlast nach DIN 1055	$0,43 \vee 0,50 \text{ kN/m}^2$	$0,46 \vee 0,53 \text{ kN/m}^2$	$0,70 \vee 0,77 \text{ kN/m}^2$

Baustoffe

Holzständer, Bauschnittholz	DIN 4074 Teil 1, Güteklasse II, Schnittklasse S, Holzfeuchte $u_m \leq 18\%$, Holzschutz DIN 68 800 bzw. Einführungserlaß, nach Einführungserlaß kein chemischer Holzschutz erforderlich
Spanplatten	DIN 68 763, Flachpreßplatten für das Bauwesen, U 100 E 1, Rohdichte größer als 600 kg/m³, oder bauaufsichtlich zugelassene, wenn Feuchteaufnahme im Bauzustand ausgeschlossen U 20 E 1 möglich
Fermacell-Beplankung	Fermacell, Gipsfaserplatten, Prüfzeichen PA III 4.6 nach DIN 4102 Teil I, bei Einsatz als tragende und aussteifende Beplankung Zulassung Z 9.1-187 maßgebend
Mineralfaserdämmstoff	DIN 18 165 Teil 1, Anwendungstyp W oder WD, Platten, Wärmeleitfähigkeitsgruppe 040, Baustoffklasse A, Schmelzpunkt größer als 1000 °C, Rohdichte s. o., längenbezogener Strömungswiderstand größer als 5 kNs/m⁴

6.6 II

NICHTTRAGENDE TRENNWÄNDE

Nichttragende Trennwand, Holzständer, Metallständer   Eternit 6.61.02 II

Wandanschlüsse wegen des Schallschutzes besonders beachten und sorgfältig ausführen, siehe Teil I 6.61.03 ff.

Nichttragende Trennwand Holzständer Metallständer Eternit

A

72 | 72
14.4
16 | 16 | 8 | 16 | 16

- Duripanel 16
- Duripanel 16
- Mineralfaser 40/100
- Mineralfaser 40/100
- Holzständer 60/80
- Duripanel 16
- Duripanel 16

B als Wohnungstrennwand geeignet

6.95 | 6.95
13.9
16 | 16 | 75 | 16 | 16

- Duripanel 16
- Duripanelstreifen 16
- Mineralfaser 30/120
- Mineralfaser 30/120
- Metallständer CW 75 × 06
- Duripanelstreifen 16
- Duripanel 16

Bei Wänden gegen Außenluft oder nicht beheizte Räume: auf der beheizten (warmen) Seite zwischen Bekleidung und Unterkonstruktion Dampfsperre (PE-Folie) 0,2 mm einbauen

Bauphysik

	A	B	
k-Wert bei Trennwänden zwischen beheizten und nicht beheizten Räumen	0,53 W/(m² K)	0,48 W/(m² K)	
Feuerwiderstandsklasse nach Prüfzeugnis bzw. gutachtlicher Stellungnahme	F 90 – B	F 90 – AB	
R'w (bewertetes Schalldämm-Maß) laut Prüfzeugnis, gilt nicht bei freiliegenden Holzbalken Orientierungswerte in Klammern	(46 dB)	(47 dB)	
R'w bei Ausführung der Anschlüsse nach Seite 6.62.08 Teil I		(54 dB)	

Einbaubereich

	A	B	
Einbaubereich nach DIN 4103 Teil I	2	2	

Eigenlast

	A	B	
Eigenlast nach DIN 1055	0,88 kN/m²	0,47 kN/m²	

Baustoffe

Holzständer, Bauschnittholz	DIN 4074 Teil 1, Güteklasse II, Schnittklasse S, chemischer Holzschutz im allgemeinen nicht erforderlich, Holzfeuchte $u_m \leq 18\%$
Metallständer	DIN 18 182 Teil 1, CW 75 × 06-100 (Zinkauflage mindestens 100 g/m² beidseitig)
Duripanel-Beplankung	Duripanel, zementgebundene Holzspanplatten, bauaufsichtliche Zulassung Z 9.1-120, Baustoffklasse: bei Typ A, B 1; bei Typ B, A 2
Mineralfaserdämmstoff	DIN 18 165 Teil 1, Anwendungstyp W oder WD, Platten, Wärmeleitfähigkeitsgruppe 040, Baustoffklasse A, Schmelzpunkt größer als 1000 °C, Rohdichte s.o., längenbezogener Strömungswiderstand größer als 5 kNs/m⁴

Nichttragende Trennwand, Metallständer — Fermacell 6.62.01 II

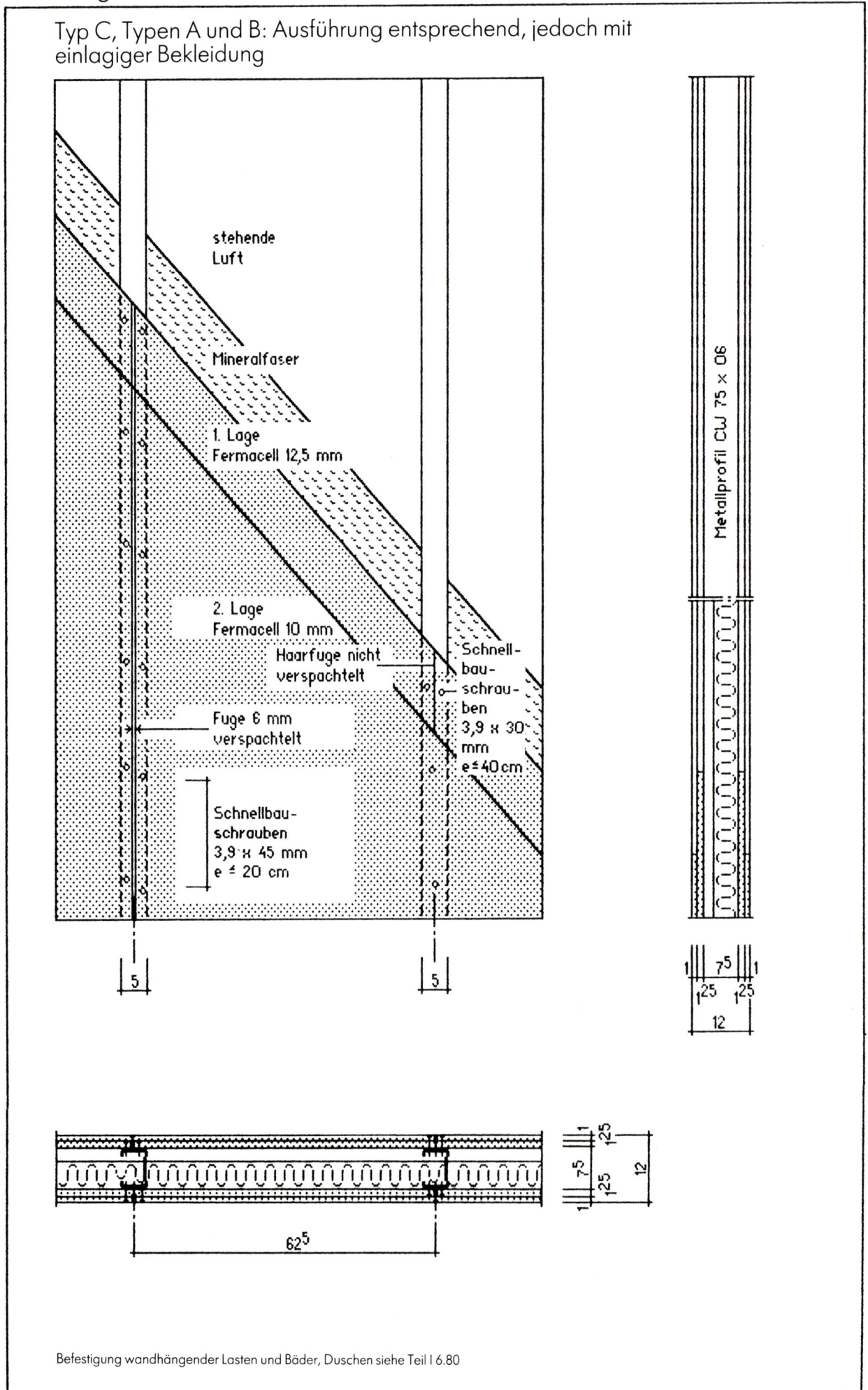

Typ C, Typen A und B: Ausführung entsprechend, jedoch mit einlagiger Bekleidung

- stehende Luft
- Mineralfaser
- 1. Lage Fermacell 12,5 mm
- 2. Lage Fermacell 10 mm
- Haarfuge nicht verspachtelt
- Schnellbauschrauben 3,9 × 30 mm, e ≤ 40 cm
- Fuge 6 mm verspachtelt
- Schnellbauschrauben 3,9 × 45 mm, e ≤ 20 cm
- Metallprofil CW 75 × 06

Befestigung wandhängender Lasten und Bäder, Duschen siehe Teil I 6.80

Konstruktion — Ansicht, Grundriß, Schnitt M = 1:10

Nichttragende Trennwand, Holzständer

Fermacell 6.62.02 II

Wandanschlüsse wegen des Schallschutzes besonders beachten und sorgfältig ausführen, siehe Teil I 6.61.03 ff.

A

Fermacell 12,5
Mineralfaser 40/40
Holzständer 60/60
Fermacell 12,5

B

Fermacell 10
Fermacell 12,5
Mineralfaser 60/50
Holzständer 60/60
Fermacell 12,5
Fermacell 10

C — als Wohnungstrennwand geeignet

Fermacell 10
Fermacell 12,5
Mineralfaser 60/50
Holzständer 50/70
Mineralfaser zw.-lage 10
Lattung 30/50
Fermacell 12,5
Fermacell 10

Konstruktion und Ausführung wie 6.32.01 II, siehe dort

Bei Wänden gegen Außenluft oder nicht beheizte Räume: auf der beheizten (warmen) Seite zwischen Bekleidung und Holzständern Dampfsperre (PE-Folie 0,2 mm) einbauen

Bauphysik

	A	B	C
k-Wert bei Trennwänden zwischen beheizten und nicht beheizten Räumen	hier angesetzt: Holzständer 60/100 mm, Mineralfaser 100 mm		
	0,44 W/(m²K)	0,44 W/(m²K)	0,48 W/(m²K)
Feuerwiderstandsklasse nach Prüfzeugnis bzw. gutachtlicher Stellungnahme	F 30 – B	F 90 – B	F 90 – B
R'w (bewertetes Schalldämm-Maß) laut Prüfzeugnis, gilt nicht bei freiliegenden Holzbalken	42 dB	46 dB	47 dB
R'w bei Ausführung der Anschlüsse nach Seite 6.61.08 Teil I			54 dB

Einbaubereich

	A	B	C
Einbaubereich nach DIN 4103 Teil 1	2	2	2

Eigenlast

	A	B	C
Eigenlast nach DIN 1055	0,41 kN/m²	0,71 kN/m²	0,81 kN/m²

Baustoffe

Holzständer, Bauschnittholz	DIN 4074 Teil I, Güteklasse II, Schnittklasse S, Holzschutz, DIN 68 800 bzw. Einführungserlaß, nach Einführungserlaß kein chemischer Holzschutz erforderlich, Holzfeuchte $u_m \leq 18\%$
Fermacell-Beplankung	Fermacell, Gipsfaserplatten, Prüfzeichen PA III 4.6 nach DIN 4102 Teil I
Mineralfaserdämmstoff	DIN 18 165 Teil 1, Anwendungstyp W oder WD, Platten, Wärmeleitfähigkeitsgruppe 040, Baustoffklasse A, Schmelzpunkt größer als 1000 °C, Rohdichte s. o., längenbezogener Strömungswiderstand größer als 5 kNs/m⁴

Nichttragende Trennwand, Metallständer

Fermacell 6.62.02 II

Wandanschlüsse wegen des Schallschutzes besonders beachten und sorgfältig ausführen, siehe Teil I 6.62.03 ff.

Nichttragende Trennwand Metallständer Fermacell

A
- Fermacell 12,5
- Mineralfaser 40/40
- Metallständer CW 50
- Fermacell 12,5

B
- Fermacell 12,5
- Mineralfaser 40/40
- Metallständer CW 75
- Fermacell 12,5

C
- Fermacell 10
- Fermacell 12,5
- Mineralfaser 50/50
- Metallständer CW 75
- Fermacell 12,5
- Fermacell 10

Bei Wänden gegen Außenluft oder nicht beheizte Räume: auf der beheizten (warmen) Seite zwischen Bekleidung und Unterkonstruktion Dampfsperre (PE-Folie 0,2 mm) einbauen

Bauphysik

	A	B	C
k-Wert bei Trennwänden zwischen beheizten und nicht beheizten Räumen	hier angesetzt: Metallständer 75 × 06, Mineralfaser 60 mm		
	0,50 W/(m² K)	0,50 W/(m² K)	0,49 W/(m² K)
Feuerwiderstandsklasse nach Prüfzeugnis bzw. gutachtlicher Stellungnahme	F 30 – A	F 30 – A	F 90 – A
R'w (bewertetes Schalldämm-Maß) laut Prüfzeugnis, gilt nicht bei freiliegenden Holzbalken	44 dB	47 dB	49 dB

Eigenlast

	A	B	C
Eigenlast nach DIN 1055	0,36 kN/m²	0,36 kN/m²	0,65 kN/m²

Einbaubereich

	A	B	C
Einbaubereich nach DIN 4103 Teil I	2	2	2

Baustoffe

Metallständer	DIN 18 182 Teil I, CW 50 × 06-100 bzw. CW 75 × 06 bzw. CW 100 × 0,6 (Zinkauflage mindestens 100 g/m² beidseitig)
Fermacell-Beplankung	Fermacell, Gipsfaserplatten, Prüfzeichen PA III 4.6 nach DIN 4102 Teil I
Mineralfaserdämmstoff	DIN 18 165 Teil 1, Anwendungstyp W oder WD, Platten, Wärmeleitfähigkeitsgruppe 040, Baustoffklasse A, Schmelzpunkt größer als 1000 °C, Rohdichte s. o., längenbezogener Strömungswiderstand größer als 5 kNs/m⁴

Nichttragende Trennwand, Sym-Wand HNT 6.63.01 II

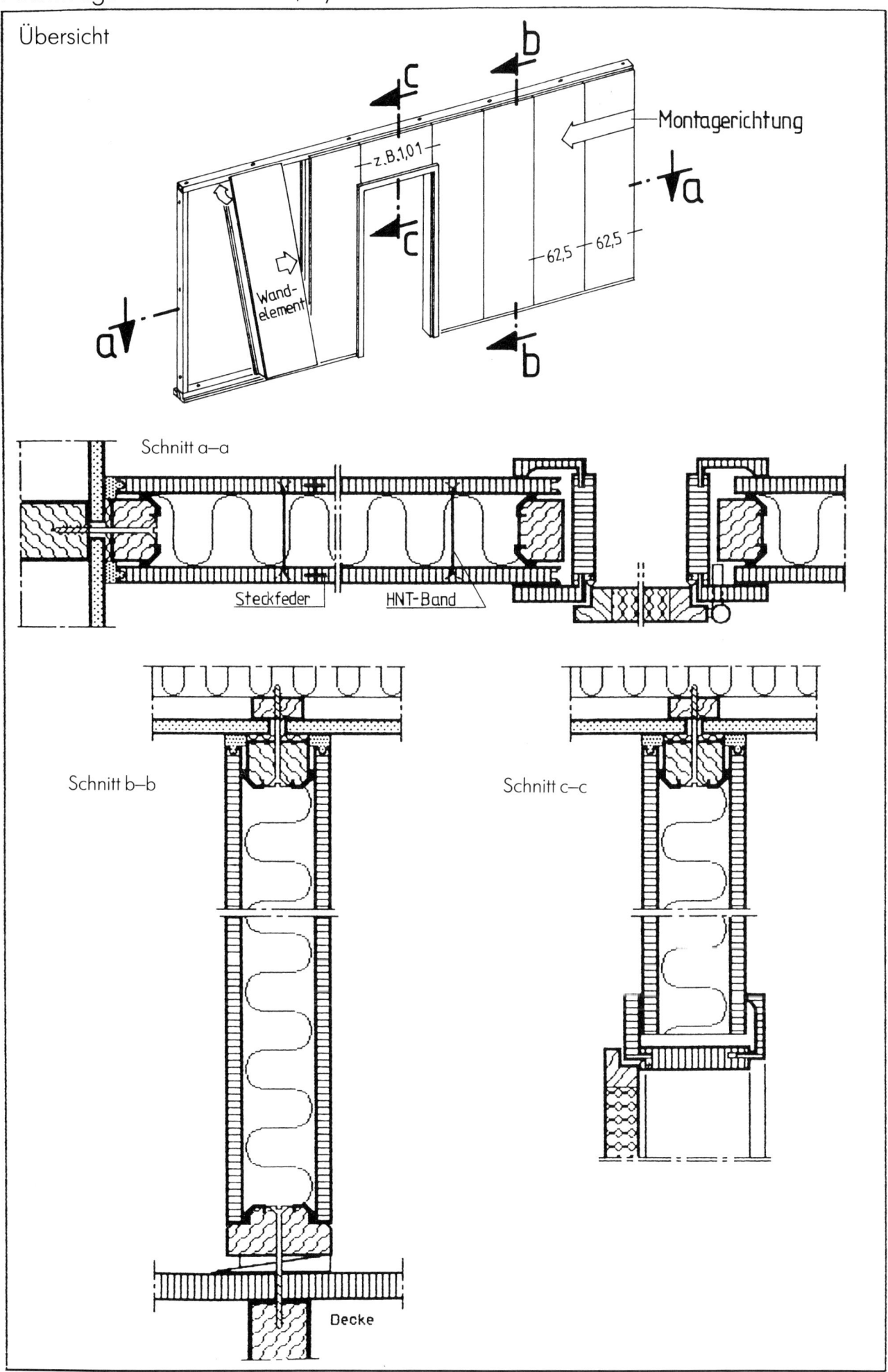

Übersicht

- Montagerichtung
- z.B. 1,01
- 62,5 | 62,5
- Wandelement

Schnitt a–a

- Steckfeder
- HNT-Band

Schnitt b–b

- Decke

Schnitt c–c

Konstruktion M = 1:50, 1:5

Nichttragende Trennwand, Sym-Wand

HNT 6.63.02 II

Wandanschlüsse wegen des Schallschutzes besonders beachten und sorgfältig ausführen, siehe Teil 6.61.03 bzw. 6.62.03 ff.

Nichttragende Trennwand

Vorgefertigte Wandelemente Sym-Wand

HNT

A

Spanplatte 16
Mineralfaser 50
HNT-Band-S-Winkel
Spanplatte 16

B

Spanplatte 16
Mineralfaser 60
HNT-Band-S-Winkel
Spanplatte 16

C

Spanplatte 16
Mineralfaser 60
HNT-Federschiene
Spanplatte 16

Gegebenenfalls Oberflächen fertig beschichtet, Wandbeläge auf Anfrage

Bei Wänden gegen Außenluft oder nicht beheizte Räume: auf der beheizten (warmen) Seite zwischen Bekleidung und Unterkonstruktion Dampfsperre (PE-Folie 0,2 mm) einbauen

Bauphysik

	A	B	C
k-Wert bei Trennwänden zwischen beheizten und nicht beheizten Räumen	nach DIN 4108 nicht zulässig	0,46 W/m² K	0,46 W/m² K
Feuerwiderstandsklasse	zur Zeit nicht geprüft		
R'w (bewertetes Schalldämm-Maß) laut Prüfzeugnis, gilt nicht bei freiliegenden Holzbalken	37 dB	37 dB	41 dB

Eigenlast

	A	B	C
Eigenlast nach DIN 1055	0,30 kN/m²	0,31 kN/m²	0,31 kN/m²

Einbaubereich

	A	B	C
Einbaubereich nach DIN 4103 Teil 1	2	2	2

Baustoffe

Spanplatten	DIN 68 763, Flachpreßplatten für das Bauwesen, V 20 E 1, oder bauaufsichtlich zugelassene
Mineralfaserdämmstoff	DIN 18 165 Teil 1, Anwendungstyp W oder WL, Wärmeleitfähigkeitsgruppe 040, Baustoffklasse mind. B 2
HNT-Band	DIN 17 162, Stahl St 02-7-275 NA, verzinkt
Schwellen, Rähme	DIN 68 360, Holz für Tischlerarbeiten, werkseitig profiliert

Nichttragende Trennwand, GFB-Wand, Sym-Wand   HNT 6.63.02 II

Wandanschlüsse wegen des Schallschutzes besonders beachten und sorgfältig ausführen, siehe Teil 6.61.03 bzw. 6.62.03 ff.

Nichttragende Trennwand

Vorgefertigte Wandelemente GFB-Wand

HNT

A (GFB-Wand)
- Fermacell 12,5
- Mineralfaser 40
- HNT-Band-S-Winkel
- Fermacell 12,5

B (GFB-Wand)
- Fermacell 10
- Fermacell 12,5
- Mineralfaser 60
- HNT-Band-S-Winkel
- Fermacell 12,5
- Fermacell 10

C (Sym-Wand)
- Fermacell 12,5
- Mineralfaser 50/60
- HNT-Federschiene
- Fermacell 12,5

Gegebenenfalls Oberflächen fertig beschichtet, Wandbeläge auf Anfrage

Bei Wänden gegen Außenluft oder nicht beheizte Räume: auf der beheizten (warmen) Seite zwischen Bekleidung und Unterkonstruktion Dampfsperre (PE-Folie 0,2 mm) einbauen.

Bauphysik

	A	B	C
k-Wert bei Trennwänden zwischen beheizten und nicht beheizten Räumen	hier angesetzt: Mineralfaser 60 mm		0,50 W/(m² K)
	0,50 W/(m²K)	0,48 W/m² K	
Feuerwiderstandsklasse nach Prüfzeugnis nach DIN 4102	F 30-A	F 90-A	F 30-A
R'w (bewertetes Schalldämm-Maß) laut Prüfzeugnis, gilt nicht bei freiliegenden Holzbalken	39 dB	45 dB	42 dB

Eigenlast

	A	B	C
Eigenlast nach DIN 1055	0,33 kN/m²	0,58 kN/m²	0,49 kN/m²

Einbaubereich

	A	B	C
Einbaubereich nach DIN 4103 Teil 1	2	2	2

Baustoffe

Gipsfaserplatten	Fermacell-Gipsfaserplatten, Baustoffklasse A, Prüfzeichen PA III 4.6 nach DIN 4102
Mineralfaserdämmstoff	DIN 18 165, Teil 1, Anwendungstyp W oder WL, Wärmeleitfähigkeitsgruppe 040, Baustoffklasse A 1
HNT-Band	DIN 17 162, Stahl St 02-7-275 NA, verzinkt
Schwellen, Rähme	Metallprofile, Baustoffklasse A 1

Nichttragende Trennwand, Holzständer   IGG, Gyproc 6.64.02 II

Wandanschlüsse wegen des Schallschutzes besonders beachten und sorgfältig ausführen, siehe Teil I, 6.61.03 ff.

Nichttragende Trennwand
Holzständer
IGG
Gyproc

A

Gyproc-Compact 10
Mineralfaser 40/40
Holzständer 60/60
Gyproc-Compact 10

Ständerabstand = 500 mm

B

Gyproc-Compact 10
Holzständer 60/60
Gyproc-Compact 10

Ständerabstand = 330 mm

Bei Wänden gegen Außenluft oder nicht beheizte Räume: auf der beheizten (warmen) Seite zwischen Bekleidung und Holzständern Dampfsperre (PE-Folie 0,2 mm) einbauen.

Bauphysik

	A	B	
k-Wert bei Trennwänden zwischen beheizten und nicht beheizten Räumen	hier angesetzt: Mineralfaser 60 mm 0,53 W/(m² K)		
Feuerwiderstandsklasse nach Prüfzeugnis bzw. gutachtlicher Stellungnahme	F 30 – B	F 30 – B	
R'w (bewertetes Schalldämm-Maß) nach DIN 4109, gilt nicht bei freiliegenden Holzbalken	38 dB		

Eigenlast

Eigenlast nach DIN 1055	0,28 kN/m²	0,29 kN/m²	

Einbaubereich

Einbaubereich nach DIN 4103 Teil I	1	1	

Baustoffe

Holzständer, Bauschnittholz	DIN 4074 Teil I, Güteklasse II, Schnittklasse S, Holzschutz, DIN 68 800 bzw. Einführungserlaß, nach Einführungserlaß kein chemischer Holzschutz erforderlich, Holzfeuchte $u_m \leq 18\%$
Gyproc-Compact-Beplankung	Gyproc-Compact-Platten, Gipskartonplatten, d = 10 mm, Baustoffklasse A 2, bxl = 1000 × 1500 mm
Mineralfaserdämmstoff	DIN 18 165 Teil 1, Anwendungstyp W oder WD, Platten, Wärmeleitfähigkeitsgruppe 040, Baustoffklasse A, Schmelzpunkt größer als 1000 °C, Rohdichte s. o., längenbezogener Strömungswiderstand größer als 5 kNs/m⁴

Nichttragende Trennwand, Paneel-Element-Wand   IGG, Knauf 6.64.02 II

Wandanschlüsse wegen des Schallschutzes besonders beachten und sorgfältig ausführen, siehe Teil I 6.62.03 ff.

Nichttragende Trennwand

Paneel-Element-Wand
Holz-Verbindungsteile
Metallprofil-Verbindungsteile

IGG
Knauf

A

Knauf-Pan.-Elem. 20
Mineralfaser s.u.
Koppelholz s. u.
Knauf-Paneel-Element 20

Wanddicke	Koppelhölzer u. seitl., unt. u. ob. Hölzer b/d
70 mm	30/50
80 mm	40/60
90 mm	50/30
100 mm	60/40

B

Knauf-Pan.-Elem. 20
Mineralfaser s.u.
Koppelholz 60/40
Knauf-Paneel-Element 20

Wanddicke	Koppelholz b/d	seitl., unt. u. ob. Anschl.
100 mm	60/40	CD 60x27x06

Bei Wänden gegen Außenluft oder nicht beheizte Räume: auf der beheizten (warmen) Seite zwischen Bekleidung und Unterkonstruktion Dampfsperre (PE-Folie 0,2 mm) einbauen

Bauphysik

	A	B
k-Wert bei Trennwänden zwischen beheizten und nicht beheizten Räumen	hier angesetzt: Wanddicke 100 mm mit Mineralfaser 60 mm $0{,}53\ W/(m^2\ K)$	
Feuerwiderstandsklasse nach DIN 4102 Teil 4 bei Wanddicke = 80 mm u. Mineralfaser 40/40	F 30 – B	F 30 – B
R'w (bewertetes Schalldämm-Maß) laut Prüfzeugnis, gilt nicht bei freiliegenden Holzbalken Orientierungswerte in Klammern	ohne Mineralfaser: 35 dB mit Mineralfaser 30 mm: 37 dB	mit Mineralfaser 40 mm: 43 dB

Eigenlast

	A	B
Eigenlast nach DIN 1055	$0{,}49\ kN/m^2$	$0{,}49\ kN/m^2$

Einbaubereich

	A	B
Einbaubereich nach DIN 4103 Teil 1	2	2

Baustoffe

Verbindungshölzer Bauschnittholz	DIN 4074 Teil I, Güteklasse II, Schnittklasse S, chemischer Holzschutz im allgemeinen nicht erforderlich, Holzfeuchte. $u_m \leq 18\ \%$
Metallprofile	DIN 18 182 Teil I, nach obenstehenden Angaben – 100 (Zinkauflage mindestens 100 g/m² beidseitig)
Knauf-Paneel-Element	DIN 18 180, Gipskartonplatten, Bauplatten (GKB), gefälzte Kanten, Formate: b = 600 mm, l = 2000 mm und 2600 mm
Mineralfaserdämmstoff	DIN 18 165 Teil 1, Anwendungstyp W oder WD, Platten, Wärmeleitfähigkeitsgruppe 040, Baustoffklasse A, Schmelzpunkt größer als 1000 °C, Rohdichte s. o., längenbezogener Strömungswiderstand 50 bis 5 kNs/m⁴

Nichttragende Trennwand, Massivbau-Wand — IGG, Knauf 6.64.02 II

Wandanschlüsse wegen des Schallschutzes besonders beachten und sorgfältig ausführen, siehe Teil I 6.62.03 ff.

Nichttragende Trennwand

Massivbauwand mit Metallriegeln, Metallständern

IGG Knauf

	A	B	C
Schnitt	Vertikalschnitt	Horizontalschnitt	Horizontalschnitt
Aufbau	Knauf-Massivb.-pl. 25 / Riegel UW 30 / Perlfixbatzen e ≅ 45 cm / Knauf-Massivbauplatte 25	Knauf-Massivb.-pl. 25 / Riegel UW 50; 75; 100 / Ständer UW 50; 75; 100 / Mineralfaser 40/40 / Knauf-Massivbauplatte 25	Knauf-Massivb.-pl. 25 / Ständer UW 50; 75; 100 / Mineralfaser 40/40 / Knauf-Massivbauplatte 25
Abstände	Riegelabstand = h/2; Batzenabstand ca. 45 cm	Ständerabstand = max. 3,00 m; Riegelabstand = max. 1,00 m	Ständerabstand = max. 1,00 m; Massivbauplatte horiz. eingebaut

Bei Wänden gegen Außenluft oder nicht beheizte Räume: auf der beheizten (warmen) Seite zwischen Bekleidung und Unterkonstruktion Dampfsperre (PE-Folie 0,2 mm) einbauen.

Bauphysik

	A	B	C
k-Wert bei Trennwänden zwischen beheizten und nicht beheizten Räumen	—	hier angesetzt: Profile 75 mm, Mineralfaser 60 mm — 0,48 W/(m²K)	0,48 W/(m²K)
Feuerwiderstandsklasse nach Prüfzeugnis nach DIN 4102	—	F 90 – B[1]	F 90 – B[1]

[1] F 90 A nur mit Mineralfaser DIN 18 165 T 1, A, Schmelzpunkt ≥ 1000 °C, Rohdichte ≥ 40 kg/m², Dicke ≥ 40 mm, Prüfz.-Nr.: 3117/3520

R'w (bewertetes Schalldämm-Maß) laut Prüfzeugnis, gilt nicht bei freiliegenden Holzbalken	A	B ohne Mineralfaser	B mit Mineralfaser	C ohne Mineralfaser	C mit Mineralfaser
	33 dB	39 dB	43 dB	38 dB	42 dB CW 50 / 43 dB CW 75, 100

mit GK = 9,5 mm einseitig aufgeklebt 2 dB mehr; beidseitig 4 dB mehr

Eigenlast

Eigenlast nach DIN 1055	0,58 kN/m²	0,59 kN/m²	0,59 kN/m²

Einbaubereich

Einbaubereich nach DIN 4103 Teil I	2	2	2

Baustoffe

Metallständer, Metallriegel	DIN 18 182 Teil 1, UW 40 × 06 oder 60 × 06 – 100 (Zinkauflage mindestens 100 g/m² beidseitig)
Knauf-Massivbauplatte	DIN 18 180, Gipskartonplatten, halbrunde Kanten (HRK), Dicke: 25 mm, Formate: b = 625 mm, l = 2000 mm und 2600 mm
Mineralfaserdämmstoff	DIN 18 165 Teil 1, Anwendungstyp W oder WD, Platten, Wärmeleitfähigkeitsgruppe 040, Baustoffklasse und Schmelzpunkt (Brandschutz) s. o., Rohdichte s. o., längenbezogener Strömungswiderstand 50 bis 5 kNs/m⁴

Nichttragende Trennwand, Riegelwand

IGG, Rigips 6.64.01 II

Detail 1a

Riegelwand

Riegelwand

Detail 1b

Anschluß-
dichtung
Trennfuge

Außenbekleidungen siehe Teil I

Riegelwand

Detail 1c

Bei Anordnung einer Trennfuge durch beide Bekleidungslagen ergibt sich für die Trennwand ein besserer Schallschutz.

Riegelwand

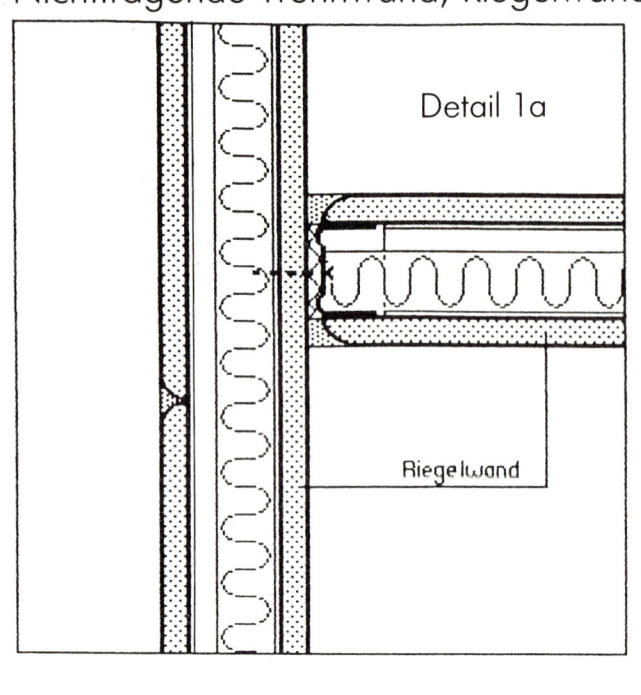

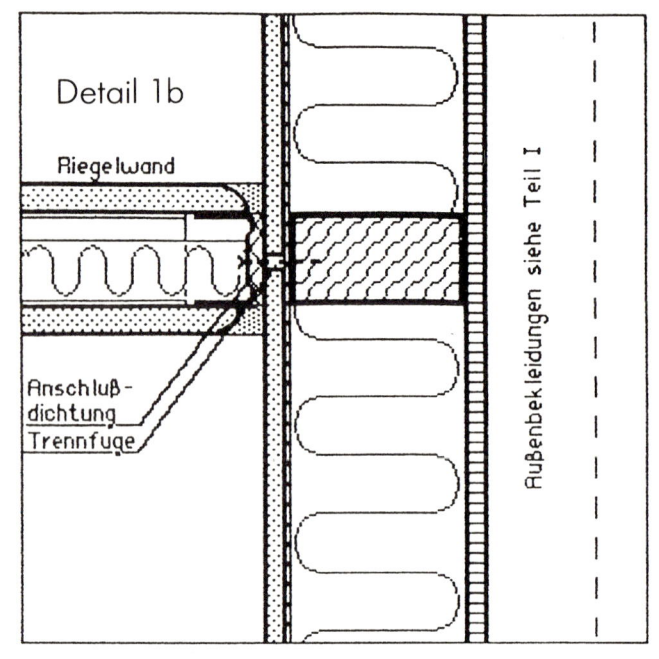

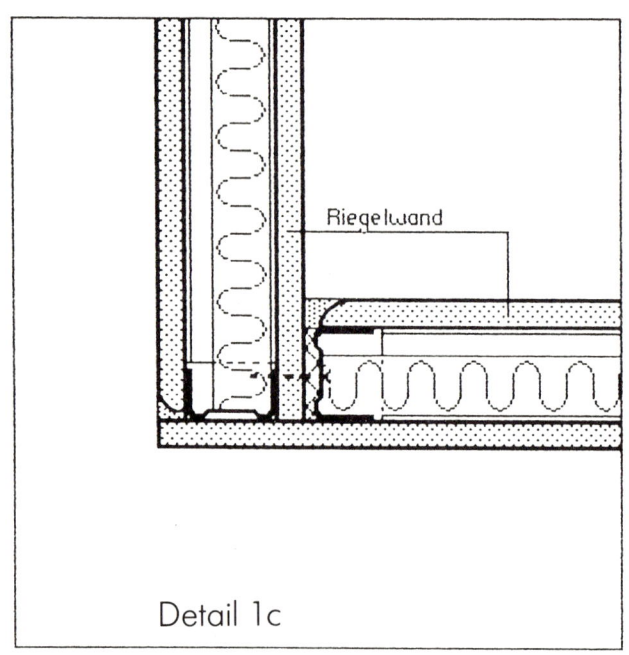

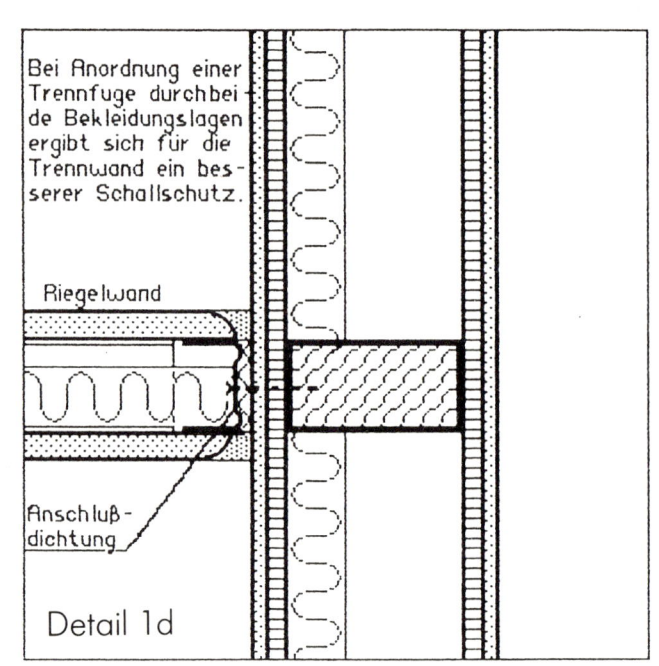

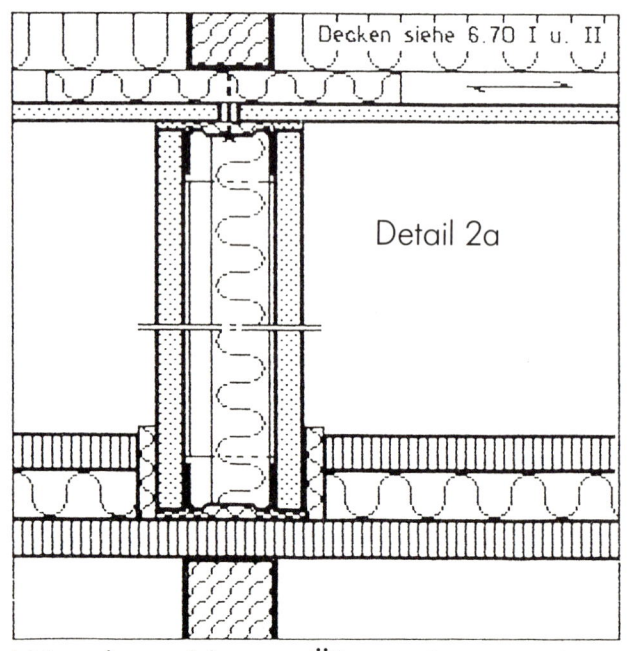

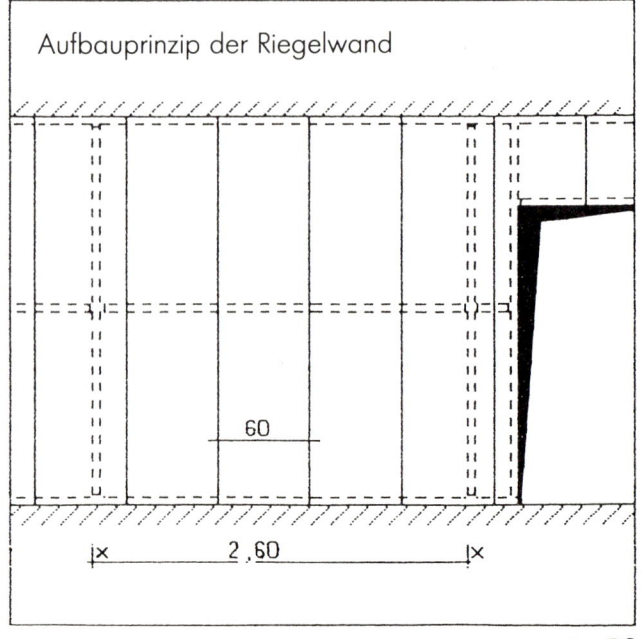

Anschluß-
dichtung

Detail 1d

Decken siehe 6.70 I u. II

Detail 2a

Aufbauprinzip der Riegelwand

60

2,60

Wandanschlüsse, Übersicht Riegelwand

M 1:5, 1:50

Nichttragende Trennwand, Riegelwand

IGG, Rigips 6.64.02 II

Wandanschlüsse wegen des Schallschutzes besonders beachten und sorgfältig ausführen, siehe Teil I 6.62.03 ff.

Nichttragende Trennwand

Holzriegel Metallriegel

IGG Rigips

A
- Rigips-Wohnbaupl. 20
- Mineralfaser 40/40
- Holzriegel 40/60
- Holzständer 40/60
- Rigips-Wohnbauplatte 20

B
- Rigips-Wohnbaupl. 20
- Mineralfaser 40/40
- Metallrieg. UW 40 od. 60×06
- Metallst. UW 40 od. 60×06
- Rigips-Wohnbauplatte 20

C — als Wohnungstrennwand geeignet
- Rigips-Wohnbaupl. 20
- Mineralfaser 40/40
- Metallrieg. UW 40×06
- Metallst. UW 40×06
- weichfedernde Zw.-Lage 5

Ständerabstand = max. 2,60 m
Riegelabstand = max. 1,30 m

Bei Wänden gegen Außenluft oder nicht beheizte Räume: auf der beheizten (warmen) Seite zwischen Bekleidung und Unterkonstruktion Dampfsperre (PE-Folie 0,2 mm) einbauen

Bauphysik

	A	B	C
k-Wert bei Trennwänden zwischen beheizten und nicht beheizten Räumen	hier angesetzt: Ständer bzw. Riegel 60 mm, Mineralfaser 60 mm $0,53\ W/(m^2\ K)$	$0,53\ W/(m^2\ K)$	$0,43\ W/(m^2\ K)$
Feuerwiderstandsklasse nach Prüfzeugnis	F 30 – B	F 30 – B	F 30 – B
R'_w (bewertetes Schalldämm-Maß) laut Prüfzeugnis, gilt nicht bei freiliegenden Holzbalken Orientierungswerte in Klammern	(37 dB)	36 dB bei UW 40 × 06 ohne Mineralf. / 44 dB bei UW 60 × 06 und Mineralf. 40 mm	47 dB bei Ausführung der Anschlüsse nach Seite 6.62.08 Teil I 54 dB

Eigenlast

	A	B	C
Eigenlast nach DIN 1055	$0,42\ kN/m^2$	$0,42\ kN/m^2$	$0,43\ kN/m^2$

Einbaubereich

	A	B	C
Einbaubereich nach DIN 4103 Teil I	2	2	2

Baustoffe

Holzständer, Holzriegel, Bauschnittholz	DIN 4074 Teil I, Güteklasse II, Schnittklasse S, chemischer Holzschutz im allgemeinen nicht erforderlich, Holzfeuchte $u_m \leq 18\ \%$
Metallständer, Metallriegel	DIN 18 182 Teil I, UW 40 × 06 oder 60 × 06-100 (Zinkauflage mindestens 100 g/m² beidseitig)
Rigips-Wohnbauplatte	DIN 18 180, Gipskartonplatten, Bauplatten (GKB), halbrunde Kanten, Formate: b = 600 mm, l = 2600 mm bis 3000 mm
Mineralfaserdämmstoff	DIN 18 165 Teil 1, Anwendungstyp W oder WD, Platten, Wärmeleitfähigkeitsgruppe 040, Baustoffklasse A, Schmelzpunkt größer als 1000 °C, Rohdichte s. o., längenbezogener Strömungswiderstand 50 bis 5 kNs/m⁴

Nichttragende Trennwand, Holzständer VHI 6.68.02 II

Wandanschlüsse wegen des Schallschutzes besonders beachten und sorgfältig ausführen, siehe Teil I, 6.61.03 ff.

Nichttragende Trennwand
Holzständer
VHI Spanplatten

A
Spanplatte 13
Mineralfaser 40
Holzständer 60/60
Spanplatte 13

B
Spanplatte 13
GKB 9,5
Mineralfaser 40
Holzständer 60/60
GKB 9,5
Spanplatte 13

C
GKB 9,5
Spanplatte 13
Mineralfaser 40
Holzständer 60/60
Spanplatte 13
GKB 9,5

Gegebenenfalls mit zusätzlicher Holz- oder Holzwerkstoffbekleid.

Bei Wänden gegen Außenluft oder nicht beheizte Räume: auf der beheizten (warmen) Seite zwischen Bekleidung und Holzständern Dampfsperre (PE-Folie 0,2 mm) einbauen

Bauphysik

	A	B	C
k-Wert bei Trennwänden zwischen beheizten und nicht beheizten Räumen	0,42 W/(m² K)	0,40 W/(m² K)	0,40 W/(m² K)
	hier angesetzt: Holzständer 60/100, Mineralfaser 100 mm		
Feuerwiderstandsklasse nach DIN 4102 Teil 4	F 30 – B	F 30 – B	F 30 – B
	raumabschließend	raumabschließend	nicht raumabschließend
R'w (bewertetes Schalldämm-Maß) nach DIN 4109, gilt nicht bei freiliegenden Holzbalken	37 dB	43 dB	43 dB

Eigenlast

	A	B	C
Eigenlast nach DIN 1055	0,30 kN/m²	0,50 kN/m²	0,50 kN/m²

Einbaubereich

	A	B	C
Einbaubereich nach DIN 4103 Teil I	2	2	2

Baustoffe

Holzständer	DIN 4074 Teil I, Güteklasse II, Schnittklasse S, im allgemeinen kein chemischer Holzschutz erforderlich, Holzfeuchte $u_m \leq 18\%$
Spanplatten	DIN 68 763, Flachpreßplatten für das Bauwesen oder DIN 68 761 Flachpreßplatten FPY für allgemeine Zwecke oder DIN 68 764 Teil 1, Strangpreßplatten für das Bauwesen oder DIN 68 765, Kunststoffbeschichtete dekorative Flachpreßplatten für allgemeine Zwecke, jeweils Holzwerkstoffklasse 20 E 1 bei Brandschutzanforderungen Rohdichte größer als 600 kg/m³
Gipskartonplatten	DIN 18 180, Bauplatten (GKB)
Mineralfaserdämmstoff	DIN 18 165 Teil 1, Anwendungstyp W oder WD, Platten, Wärmeleitfähigkeitsgruppe 040, Baustoffklasse A, Schmelzpunkt größer als 1000 °C, Rohdichte s.o., längenbezogener Strömungswiderstand größer als 5 kNs/m⁴

Nichttragende Trennwand, Metallständer   VHI 6.68.02 II

Wandanschlüsse wegen des Schallschutzes besonders beachten und sorgfältig ausführen, siehe Teil I 6.62.03 ff.

Nichttragende Trennwand Metallständer VHI Spanplatten

A
- Spanplatte 13
- Mineralfaser 40
- Metallständer CW 50x06
- Spanplatte 13

B
- Spanplatte 13
- GKB 9,5
- Mineralfaser 40
- Metallständer CW 50x06
- GKB 9,5
- Spanplatte 13

C
- GKB 9,5
- Spanplatte 13
- Mineralfaser 40
- Metallständer CW 50x06
- Spanplatte 13
- GKB 9,5

Gegebenenfalls mit zusätzlicher Holz- oder Holzwerkstoffbekleid.

Bei Wänden gegen Außenluft oder nicht beheizte Räume: auf der beheizten (warmen) Seite zwischen Bekleidung und Unterkonstruktion Dampfsperre (PE-Folie 0,2 mm) einbauen

Bauphysik

	A	B	C
k-Wert bei Trennwänden zwischen beheizten und nicht beheizten Räumen	hier angesetzt: Metallständer 75 × 06, Mineralfaser 60 mm		
	0,49 W/(m² K)	0,47 W/(m² K)	0,47 W/(m² K)
Feuerwiderstandsklasse	zur Zeit nicht geprüft		
R'_w (bewertetes Schalldämm-Maß) laut Prüfzeugnis, gilt nicht bei freiliegenden Holzbalken	40 dB	46 dB	46 dB

Eigenlast

	A	B	C
Eigenlast nach DIN 1055	0,25 kN/m²	0,45 kN/m²	0,45 kN/m²

Einbaubereich

	A	B	C
Einbaubereich nach DIN 4103 Teil I	2	2	2

Baustoffe

Metallständer	DIN 18 182 Teil I, CW 50 × 06-100 (Zinkauflage mindestens 100 g/m² beidseitig)
Spanplatten	DIN 68 763, Flachpreßplatten für das Bauwesen oder DIN 68 761 Flachpreßplatten FPY für allgemeine Zwecke oder DIN 68 764 Teil I, Strangpreßplatten für das Bauwesen oder DIN 68 765, Kunststoffbeschichtete dekorative Flachpreßplatten für allgemeine Zwecke, jeweils Holzwerkstoffklasse 20 E 1
Gipskartonplatten	DIN 18 180, Bauplatten (GKB)
Mineralfaserdämmstoff	DIN 18 165 Teil 1, Anwendungstyp W oder WD, Platten, Wärmeleitfähigkeitsgruppe 040, Baustoffklasse B 2, längenbezogener Strömungswiderstand größer als 5 kNs/m⁴

6.7 II
DECKEN, DÄCHER

Duripanel

Eternit 6.71.02 II

Duripanel

Die Feuerwiderstandsklasse aller in DIN 4102 Teil 4, Abschnitt 5, beschriebenen Decken bleibt bestehen, wenn statt der dort angegebenen Holzwerkstoffplatten Duripanel B 1 in der vorgeschriebenen Dicke eingebaut werden.

Nachweis: Prüfzeugnis Nr. 84891 des Institutes für Baustoffe, Massivbau und Brandschutz der Technischen Universität Braunschweig vom 15. 11. 1984, erhältlich bei Eternit.

Auszüge aus DIN 4102 Teil 4 mit Duripanel B 1 statt der dort angegebenen Holzwerkstoffplatten.

Decken aus Holztafeln mit notwendiger Dämmschicht. (Siehe Tabelle 51)

Holzrippen	DURIPANEL	Gipskarton	Mineralfaser-Platten oder -Matten		Dämmschicht Rohdichte ≥ 30 kg/m³	Mörtel, Gips oder Asphalt	Feuerwiderstandsklasse
mm	mm	mm	MF mm	Rohdichte kg/m³	mm	mm	
$b \geq 40$ $l \leq 625$	$d_1 = 16$ $d_3 = 13$		60	30	$d_4 = 15$	$d_5 = 20$	F 30–B
	$d_1 = 16$ $d_3 = 13$ $d_5 = 16$		60	30	$d_4 = 15$		
	$d_1 = 16$ $d_3 = 13$	$d_5 = 9,5$	60	30	$d_4 = 15$		

Decken aus Holztafeln mit nicht notwendiger Dämmschicht. (Siehe Tabelle 52)

Holzrippen	DURIPANEL	Gipskarton	Mineralfaser-Platten oder -Matten		Dämmschicht Rohdichte ≥ 30 kg/m³	Mörtel, Gips oder Asphalt	Feuerwiderstandsklasse
mm	mm	mm	MF mm	Rohdichte kg/m³	mm	mm	
$b \geq 40$ $l \geq 625$	$d_1 = 19$ $d_3 = 16$				$d_4 = 15$	$d_5 = 20$	F 30–B
	$d_1 = 19$ $d_3 = 16$ $d_5 = 16$				$d_4 = 15$		
	$d_1 = 19$ $d_3 = 16$	$d_5 = 9,5$			$d_4 = 15$		

Holzbalkendecken mit vollständig freiliegenden Holzbalken mit schwimmendem Estrich oder schwimmendem Fußboden. (Siehe Tabelle 55)

Holzrippen	DURIPANEL	Gipskarton	Mineralfaser-Platten oder -Matten		Dämmschicht Rohdichte ≥ 30 kg/m³	Mörtel, Gips oder Asphalt	Feuerwiderstandsklasse
mm	mm	mm	MF mm	Rohdichte kg/m³	mm	mm	
Biegespannung ≤ 3 N/mm² $b/h \geq 80/160$	$d_1 = 25$ $d_3 = 16$				$d_2 = 15$		F 30–B

Duripanel — Eternit 6.71.02 II

Holzbalkendecken mit teilweise freiliegenden Holzbalken mit notwendiger Dämmschicht. (Siehe Tabelle 57)

Holzrippen	DURIPANEL	Gipskarton	Mineralfaser-Platten oder -Matten		Dämmschicht Rohdichte ≥ 30 kg/m³	Mörtel, Gips oder Asphalt	Feuerwiderstandsklasse
mm	mm	mm	MF mm	Rohdichte kg/m³	mm	mm	
Biegespannung $= 11$ N/mm² $b/h \geq 130/150$ $l \leq 625$	$d_1 = 16$ $d_2 = 13$		60	30	$d_3 = 15$	$d_4 = 20$	F 30–B
	$d_1 = 16$ $d_2 = 13$ $d_4 = 16$		60	30	$d_3 = 15$		
	$d_1 = 16$ $d_2 = 13$	$d_4 = 9{,}5$	60	30	$d_3 = 15$		

Holzbalkendecken mit teilweise freiliegenden Holzbalken mit nicht notwendiger Dämmschicht. (Siehe Tabelle 58)

Holzrippen	DURIPANEL	Gipskarton	Mineralfaser-Platten oder -Matten		Dämmschicht Rohdichte ≥ 30 kg/m³	Mörtel, Gips oder Asphalt	Feuerwiderstandsklasse
mm	mm	mm	MF mm	Rohdichte kg/m³	mm	mm	
Biegespannung $= 11$ N/mm² $b/h \geq 130/150$ $l \leq 625$	$d_1 = 19$ $d_2 = 16$				$d_3 = 15$	$d_4 = 20$	F 30–B
	$d_1 = 19$ $d_2 = 16$ $d_4 = 16$				$d_3 = 15$		
	$d_1 = 19$ $d_2 = 16$	$d_4 = 9{,}5$			$d_3 = 15$		

Dächer mit unterseitiger Plattenbekleidung. (Siehe Tabelle 59)

Holzrippen	DURIPANEL	Gipskarton	Mineralfaser-Platten oder -Matten		Dämmschicht Rohdichte ≥ 30 kg/m³	Mörtel, Gips oder Asphalt	Feuerwiderstandsklasse
mm	mm	mm	MF mm	Rohdichte kg/m³	mm	mm	
$l \leq 625$	$d_1 = 16$	$d_2 = 12{,}5$					F 30–B
	$d_1 = 13$	$d_2 = 15$					
	$d_1 = 13$	$d_2 = 12{,}5$	80	30			

Geschoßdecke, Dachschräge Eternit 6.71.02 II

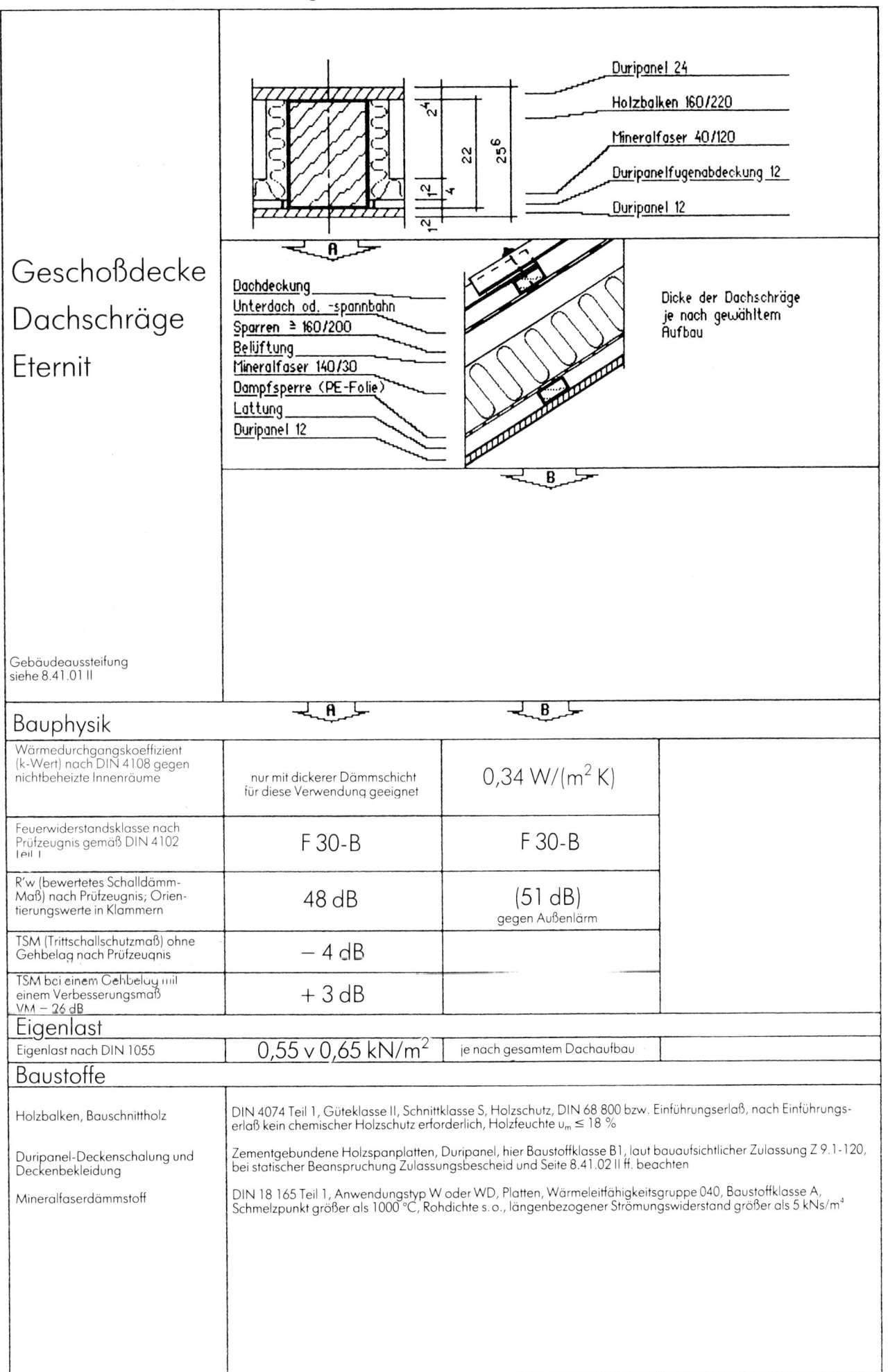

Geschoßdecke Dachschräge Eternit

Aufbau A:
- Duripanel 24
- Holzbalken 160/220
- Mineralfaser 40/120
- Duripanelfugenabdeckung 12
- Duripanel 12

Aufbau B:
- Dachdeckung
- Unterdach od. -spannbahn
- Sparren ≧ 160/200
- Belüftung
- Mineralfaser 140/30
- Dampfsperre (PE-Folie)
- Lattung
- Duripanel 12

Dicke der Dachschräge je nach gewähltem Aufbau

Gebäudeaussteifung siehe 8.41.01 II

Bauphysik

	A	B	
Wärmedurchgangskoeffizient (k-Wert) nach DIN 4108 gegen nichtbeheizte Innenräume	nur mit dickerer Dämmschicht für diese Verwendung geeignet	0,34 W/(m² K)	
Feuerwiderstandsklasse nach Prüfzeugnis gemäß DIN 4102 Teil 1	F 30-B	F 30-B	
R'w (bewertetes Schalldämm-Maß) nach Prüfzeugnis; Orientierungswerte in Klammern	48 dB	(51 dB) gegen Außenlärm	
TSM (Trittschallschutzmaß) ohne Gehbelag nach Prüfzeugnis	− 4 dB		
TSM bei einem Gehbelag mit einem Verbesserungsmaß VM = 26 dB	+ 3 dB		

Eigenlast

Eigenlast nach DIN 1055	0,55 v 0,65 kN/m²	je nach gesamtem Dachaufbau

Baustoffe

Holzbalken, Bauschnittholz	DIN 4074 Teil 1, Güteklasse II, Schnittklasse S, Holzschutz, DIN 68 800 bzw. Einführungserlaß, nach Einführungserlaß kein chemischer Holzschutz erforderlich, Holzfeuchte $u_m ≤ 18$ %
Duripanel-Deckenschalung und Deckenbekleidung	Zementgebundene Holzspanplatten, Duripanel, hier Baustoffklasse B1, laut bauaufsichtlicher Zulassung Z 9.1-120, bei statischer Beanspruchung Zulassungsbescheid und Seite 8.41.02 II ff. beachten
Mineralfaserdämmstoff	DIN 18 165 Teil 1, Anwendungstyp W oder WD, Platten, Wärmeleitfähigkeitsgruppe 040, Baustoffklasse A, Schmelzpunkt größer als 1000 °C, Rohdichte s. o., längenbezogener Strömungswiderstand größer als 5 kNs/m⁴

Geschoßdecken

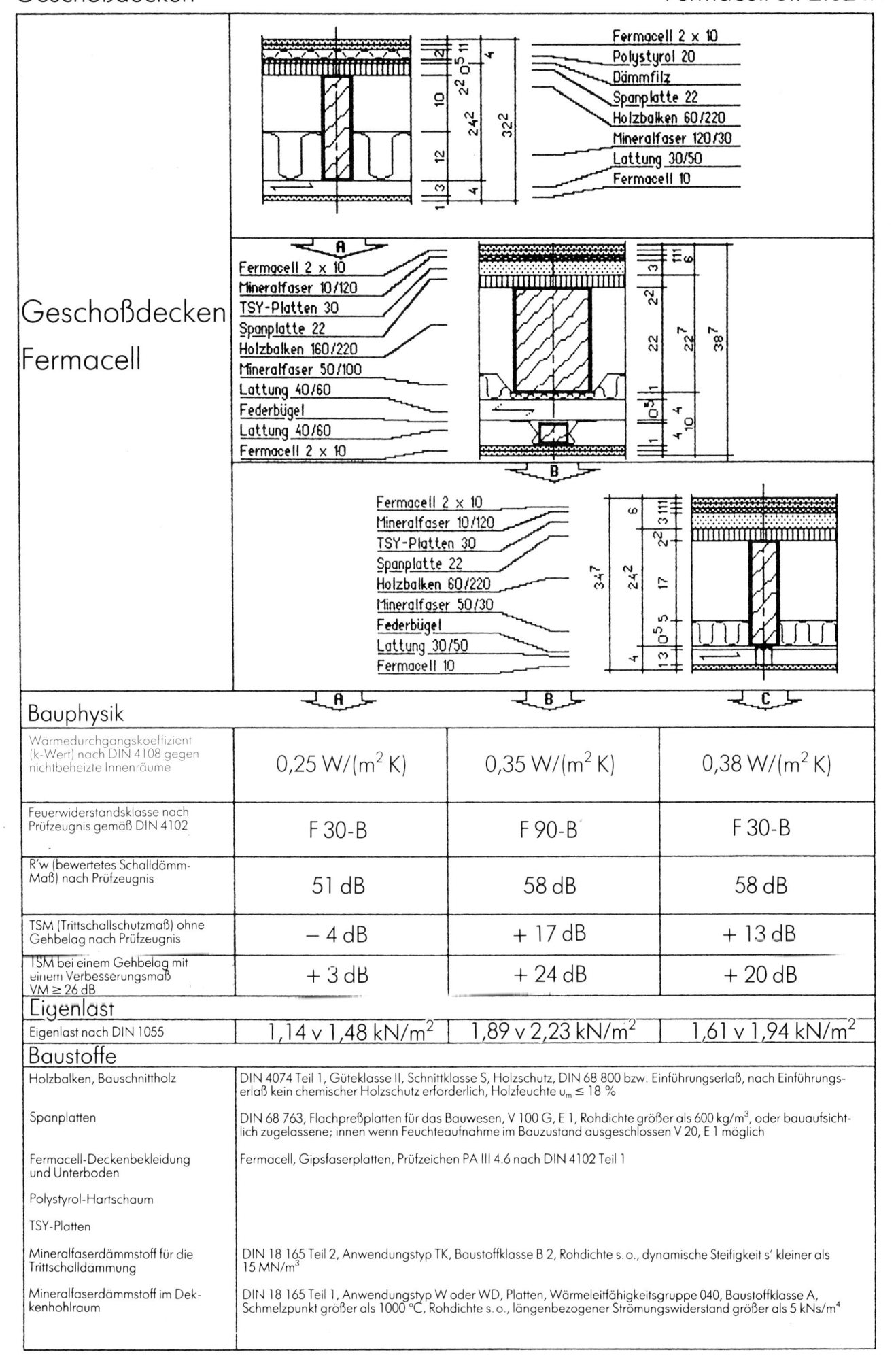

Fermacell 6.72.02 II

Geschoßdecken Fermacell

A:
Fermacell 2 x 10
Mineralfaser 10/120
TSY-Platten 30
Spanplatte 22
Holzbalken 160/220
Mineralfaser 50/100
Lattung 40/60
Federbügel
Lattung 40/60
Fermacell 2 x 10

B:
Fermacell 2 x 10
Polystyrol 20
Dämmfilz
Spanplatte 22
Holzbalken 60/220
Mineralfaser 120/30
Lattung 30/50
Fermacell 10

C:
Fermacell 2 x 10
Mineralfaser 10/120
TSY-Platten 30
Spanplatte 22
Holzbalken 60/220
Mineralfaser 50/30
Federbügel
Lattung 30/50
Fermacell 10

Bauphysik

	A	B	C
Wärmedurchgangskoeffizient (k-Wert) nach DIN 4108 gegen nichtbeheizte Innenräume	0,25 W/(m² K)	0,35 W/(m² K)	0,38 W/(m² K)
Feuerwiderstandsklasse nach Prüfzeugnis gemäß DIN 4102	F 30-B	F 90-B	F 30-B
R'w (bewertetes Schalldämm-Maß) nach Prüfzeugnis	51 dB	58 dB	58 dB
TSM (Trittschallschutzmaß) ohne Gehbelag nach Prüfzeugnis	− 4 dB	+ 17 dB	+ 13 dB
TSM bei einem Gehbelag mit einem Verbesserungsmaß VM ≥ 26 dB	+ 3 dB	+ 24 dB	+ 20 dB

Eigenlast

	A	B	C
Eigenlast nach DIN 1055	1,14 v 1,48 kN/m²	1,89 v 2,23 kN/m²	1,61 v 1,94 kN/m²

Baustoffe

Holzbalken, Bauschnittholz	DIN 4074 Teil 1, Güteklasse II, Schnittklasse S, Holzschutz, DIN 68 800 bzw. Einführungserlaß, nach Einführungserlaß kein chemischer Holzschutz erforderlich, Holzfeuchte u_m ≤ 18 %
Spanplatten	DIN 68 763, Flachpreßplatten für das Bauwesen, V 100 G, E 1, Rohdichte größer als 600 kg/m³, oder bauaufsichtlich zugelassene; innen wenn Feuchteaufnahme im Bauzustand ausgeschlossen V 20, E 1 möglich
Fermacell-Deckenbekleidung und Unterboden	Fermacell, Gipsfaserplatten, Prüfzeichen PA III 4.6 nach DIN 4102 Teil 1
Polystyrol-Hartschaum	
TSY-Platten	
Mineralfaserdämmstoff für die Trittschalldämmung	DIN 18 165 Teil 2, Anwendungstyp TK, Baustoffklasse B 2, Rohdichte s. o., dynamische Steifigkeit s' kleiner als 15 MN/m³
Mineralfaserdämmstoff im Deckenhohlraum	DIN 18 165 Teil 1, Anwendungstyp W oder WD, Platten, Wärmeleitfähigkeitsgruppe 040, Baustoffklasse A, Schmelzpunkt größer als 1000 °C, Rohdichte s. o., längenbezogener Strömungswiderstand größer als 5 kNs/m⁴

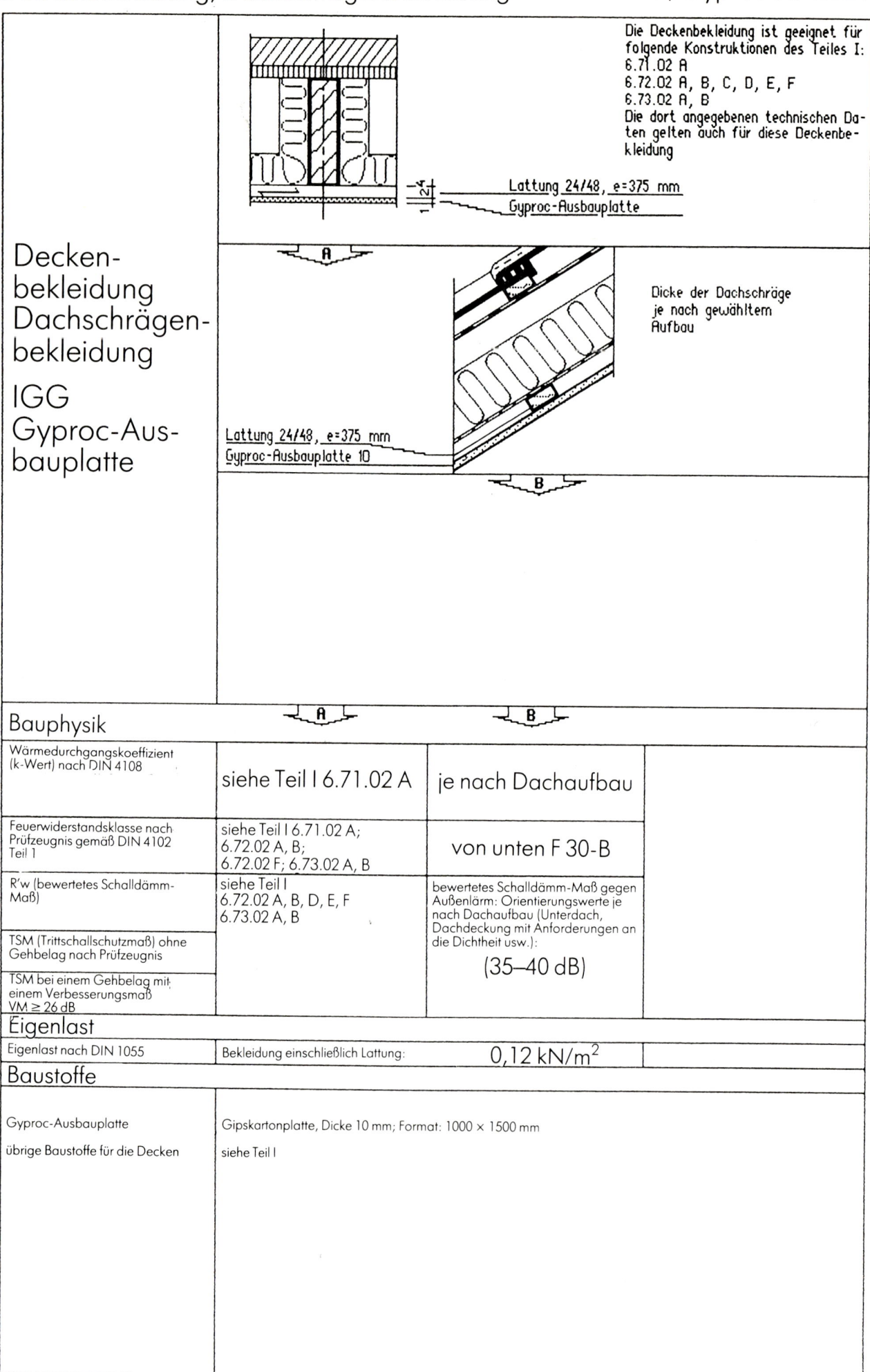

Deckenbekleidung, Dachschrägenbekleidung　　IGG, Gyproc 6.74.02 II

Die Deckenbekleidung ist geeignet für folgende Konstruktionen des Teiles I:
6.71.02 A
6.72.02 A, B, C, D, E, F
6.73.02 A, B
Die dort angegebenen technischen Daten gelten auch für diese Deckenbekleidung

Lattung 24/48, e=375 mm
Gyproc-Ausbauplatte

Dicke der Dachschräge je nach gewähltem Aufbau

Lattung 24/48, e=375 mm
Gyproc-Ausbauplatte 10

Decken-bekleidung Dachschrägen-bekleidung

IGG Gyproc-Ausbauplatte

Bauphysik

	A	B
Wärmedurchgangskoeffizient (k-Wert) nach DIN 4108	siehe Teil I 6.71.02 A	je nach Dachaufbau
Feuerwiderstandsklasse nach Prüfzeugnis gemäß DIN 4102 Teil 1	siehe Teil I 6.71.02 A; 6.72.02 A, B; 6.72.02 F; 6.73.02 A, B	von unten F 30-B
R'w (bewertetes Schalldämm-Maß)	siehe Teil I 6.72.02 A, B, D, E, F 6.73.02 A, B	bewertetes Schalldämm-Maß gegen Außenlärm: Orientierungswerte je nach Dachaufbau (Unterdach, Dachdeckung mit Anforderungen an die Dichtheit usw.): (35–40 dB)
TSM (Trittschallschutzmaß) ohne Gehbelag nach Prüfzeugnis		
TSM bei einem Gehbelag mit einem Verbesserungsmaß VM ≥ 26 dB		

Eigenlast

Eigenlast nach DIN 1055	Bekleidung einschließlich Lattung:	0,12 kN/m²

Baustoffe

Gyproc-Ausbauplatte	Gipskartonplatte, Dicke 10 mm; Format: 1000 × 1500 mm
übrige Baustoffe für die Decken	siehe Teil I

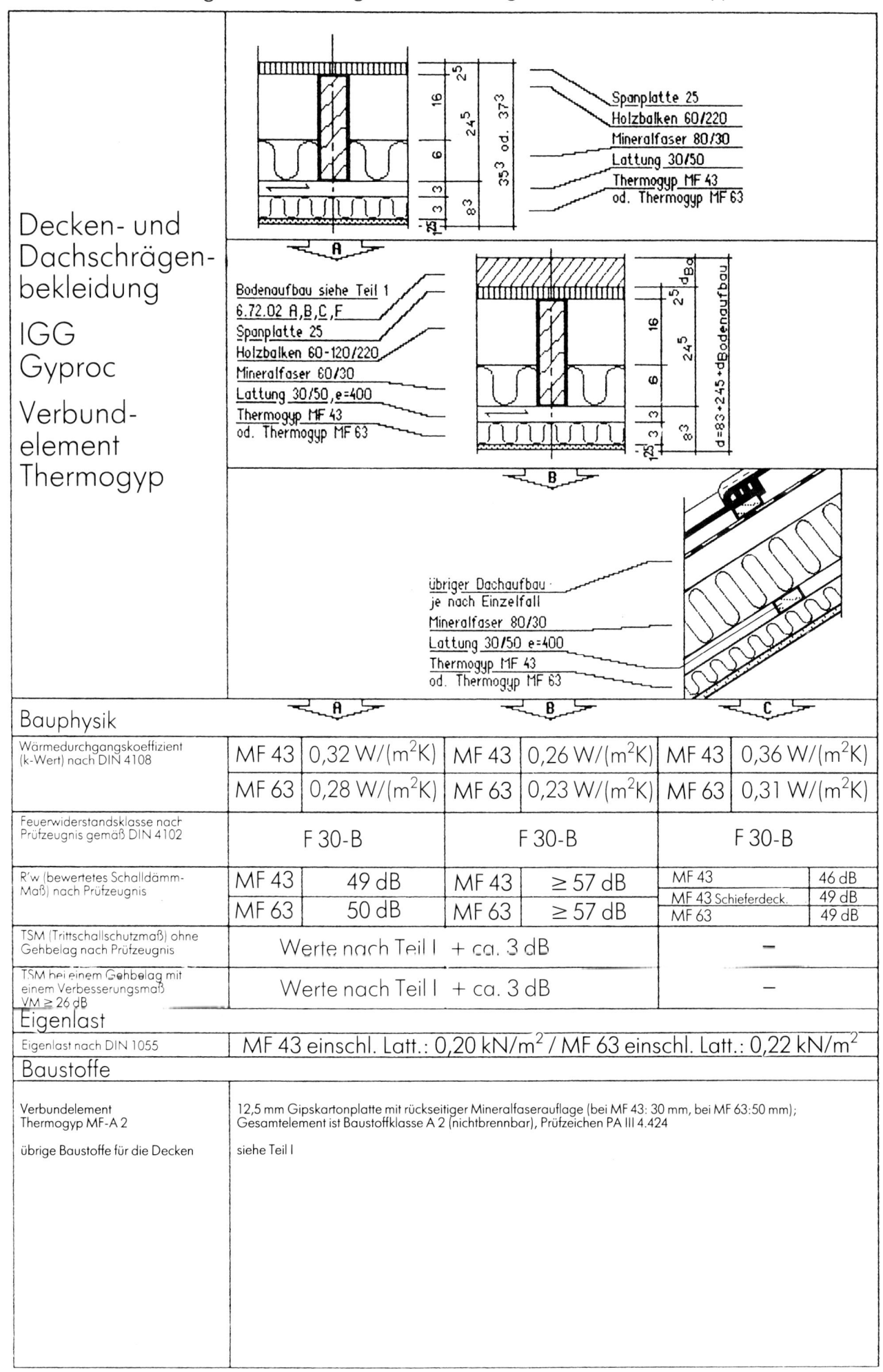

Deckenbekleidung, Dachschrägenbekleidung — IGG, Gyproc 6.74.02 II

Decken- und Dachschrägenbekleidung
IGG Gyproc
Verbundelement Thermogyp

A:
Spanplatte 25
Holzbalken 60/220
Mineralfaser 80/30
Lattung 30/50
Thermogyp MF 43 od. Thermogyp MF 63

B:
Bodenaufbau siehe Teil 1 6.72.02 A,B,C,F
Spanplatte 25
Holzbalken 60-120/220
Mineralfaser 60/30
Lattung 30/50, e=400
Thermogyp MF 43 od. Thermogyp MF 63

C:
übriger Dachaufbau je nach Einzelfall
Mineralfaser 80/30
Lattung 30/50 e=400
Thermogyp MF 43 od. Thermogyp MF 63

Bauphysik

	A		B		C	
Wärmedurchgangskoeffizient (k-Wert) nach DIN 4108	MF 43	0,32 W/(m²K)	MF 43	0,26 W/(m²K)	MF 43	0,36 W/(m²K)
	MF 63	0,28 W/(m²K)	MF 63	0,23 W/(m²K)	MF 63	0,31 W/(m²K)
Feuerwiderstandsklasse nach Prüfzeugnis gemäß DIN 4102	F 30-B		F 30-B		F 30-B	
R'_w (bewertetes Schalldämm-Maß) nach Prüfzeugnis	MF 43	49 dB	MF 43	$\geq$ 57 dB	MF 43	46 dB
	MF 63	50 dB	MF 63	$\geq$ 57 dB	MF 43 Schieferdeck.	49 dB
					MF 63	49 dB
TSM (Trittschallschutzmaß) ohne Gehbelag nach Prüfzeugnis	Werte nach Teil I + ca. 3 dB				—	
TSM bei einem Gehbelag mit einem Verbesserungsmaß VM $\geq$ 26 dB	Werte nach Teil I + ca. 3 dB				—	

Eigenlast

Eigenlast nach DIN 1055: MF 43 einschl. Latt.: 0,20 kN/m² / MF 63 einschl. Latt.: 0,22 kN/m²

Baustoffe

Verbundelement Thermogyp MF-A 2: 12,5 mm Gipskartonplatte mit rückseitiger Mineralfaserauflage (bei MF 43: 30 mm, bei MF 63: 50 mm); Gesamtelement ist Baustoffklasse A 2 (nichtbrennbar), Prüfzeichen PA III 4.424

übrige Baustoffe für die Decken: siehe Teil I

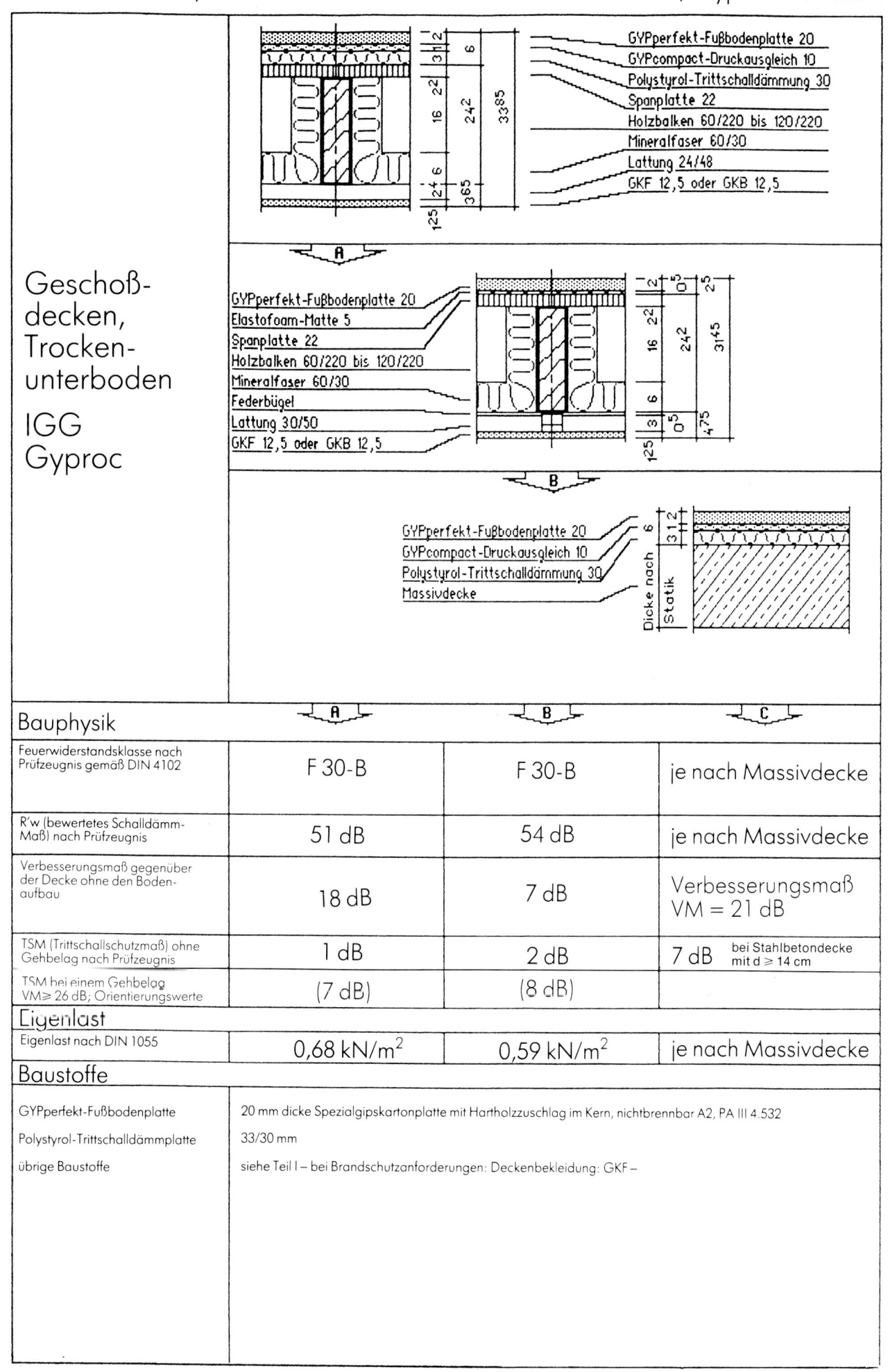

Geschoßdecken, Trockenunterboden

IGG, Gyproc 6.74.02 II

Geschoß-
decken,
Trocken-
unterboden
IGG
Gyproc

Aufbau A:
- GYPperfekt-Fußbodenplatte 20
- GYPcompact-Druckausgleich 10
- Polystyrol-Trittschalldämmung 30
- Spanplatte 22
- Holzbalken 60/220 bis 120/220
- Mineralfaser 60/30
- Lattung 24/48
- GKF 12,5 oder GKB 12,5

Aufbau B:
- GYPperfekt-Fußbodenplatte 20
- Elastofoam-Matte 5
- Spanplatte 22
- Holzbalken 60/220 bis 120/220
- Mineralfaser 60/30
- Federbügel
- Lattung 30/50
- GKF 12,5 oder GKB 12,5

Aufbau C:
- GYPperfekt-Fußbodenplatte 20
- GYPcompact-Druckausgleich 10
- Polystyrol-Trittschalldämmung 30
- Massivdecke

Bauphysik

	A	B	C
Feuerwiderstandsklasse nach Prüfzeugnis gemäß DIN 4102	F 30-B	F 30-B	je nach Massivdecke
R'_w (bewertetes Schalldämm-Maß) nach Prüfzeugnis	51 dB	54 dB	je nach Massivdecke
Verbesserungsmaß gegenüber der Decke ohne den Bodenaufbau	18 dB	7 dB	Verbesserungsmaß VM = 21 dB
TSM (Trittschallschutzmaß) ohne Gehbelag nach Prüfzeugnis	1 dB	2 dB	7 dB bei Stahlbetondecke mit d ≥ 14 cm
TSM bei einem Gehbelag VM ≥ 26 dB; Orientierungswerte	(7 dB)	(8 dB)	

Eigenlast

	A	B	C
Eigenlast nach DIN 1055	0,68 kN/m²	0,59 kN/m²	je nach Massivdecke

Baustoffe

GYPperfekt-Fußbodenplatte	20 mm dicke Spezialgipskartonplatte mit Hartholzzuschlag im Kern, nichtbrennbar A2, PA III 4.532
Polystyrol-Trittschalldämmplatte	33/30 mm
übrige Baustoffe	siehe Teil I – bei Brandschutzanforderungen: Deckenbekleidung: GKF –

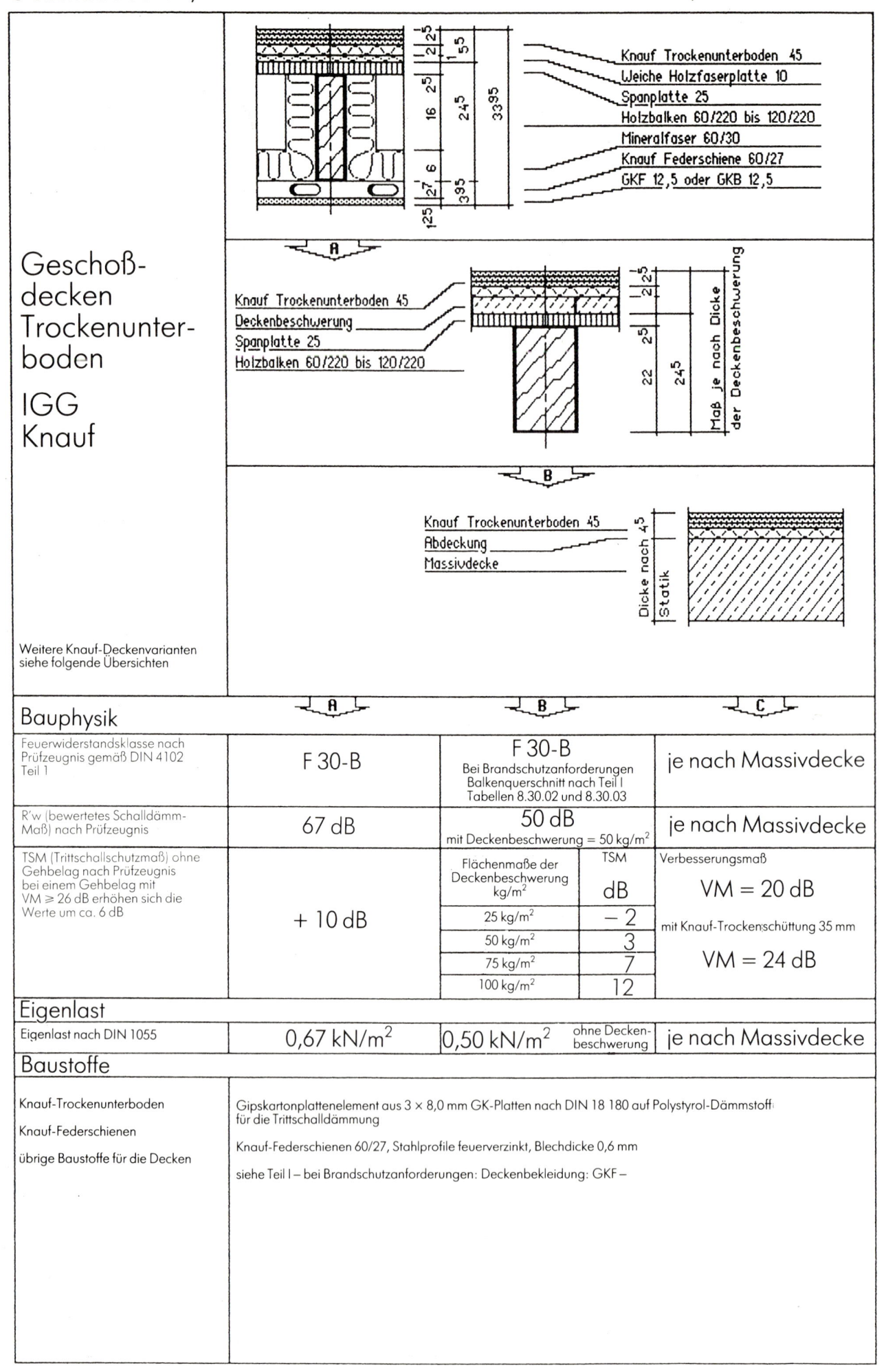

Geschoßdecken, Trockenunterboden IGG, Knauf 6.74.02 II

Geschoßdecken Trockenunterboden IGG Knauf

Schnitt A:
- Knauf Trockenunterboden 45
- Weiche Holzfaserplatte 10
- Spanplatte 25
- Holzbalken 60/220 bis 120/220
- Mineralfaser 60/30
- Knauf Federschiene 60/27
- GKF 12,5 oder GKB 12,5

Schnitt B:
- Knauf Trockenunterboden 45
- Deckenbeschwerung
- Spanplatte 25
- Holzbalken 60/220 bis 120/220

Schnitt C:
- Knauf Trockenunterboden 45
- Abdeckung
- Massivdecke

Weitere Knauf-Deckenvarianten siehe folgende Übersichten

Bauphysik

	A	B	C
Feuerwiderstandsklasse nach Prüfzeugnis gemäß DIN 4102 Teil 1	F 30-B	F 30-B Bei Brandschutzanforderungen Balkenquerschnitt nach Teil I Tabellen 8.30.02 und 8.30.03	je nach Massivdecke
R'w (bewertetes Schalldämm-Maß) nach Prüfzeugnis	67 dB	50 dB mit Deckenbeschwerung = 50 kg/m²	je nach Massivdecke
TSM (Trittschallschutzmaß) ohne Gehbelag nach Prüfzeugnis bei einem Gehbelag mit VM ≥ 26 dB erhöhen sich die Werte um ca. 6 dB	+ 10 dB	Flächenmaße der Deckenbeschwerung kg/m² — TSM dB: 25 kg/m² = −2; 50 kg/m² = 3; 75 kg/m² = 7; 100 kg/m² = 12	Verbesserungsmaß VM = 20 dB mit Knauf-Trockenschüttung 35 mm VM = 24 dB

Eigenlast

Eigenlast nach DIN 1055	0,67 kN/m²	0,50 kN/m² ohne Deckenbeschwerung	je nach Massivdecke

Baustoffe

Knauf-Trockenunterboden	Gipskartonplattenelement aus 3 × 8,0 mm GK-Platten nach DIN 18 180 auf Polystyrol-Dämmstoff für die Trittschalldämmung
Knauf-Federschienen	Knauf-Federschienen 60/27, Stahlprofile feuerverzinkt, Blechdicke 0,6 mm
übrige Baustoffe für die Decken	siehe Teil I – bei Brandschutzanforderungen: Deckenbekleidung: GKF –

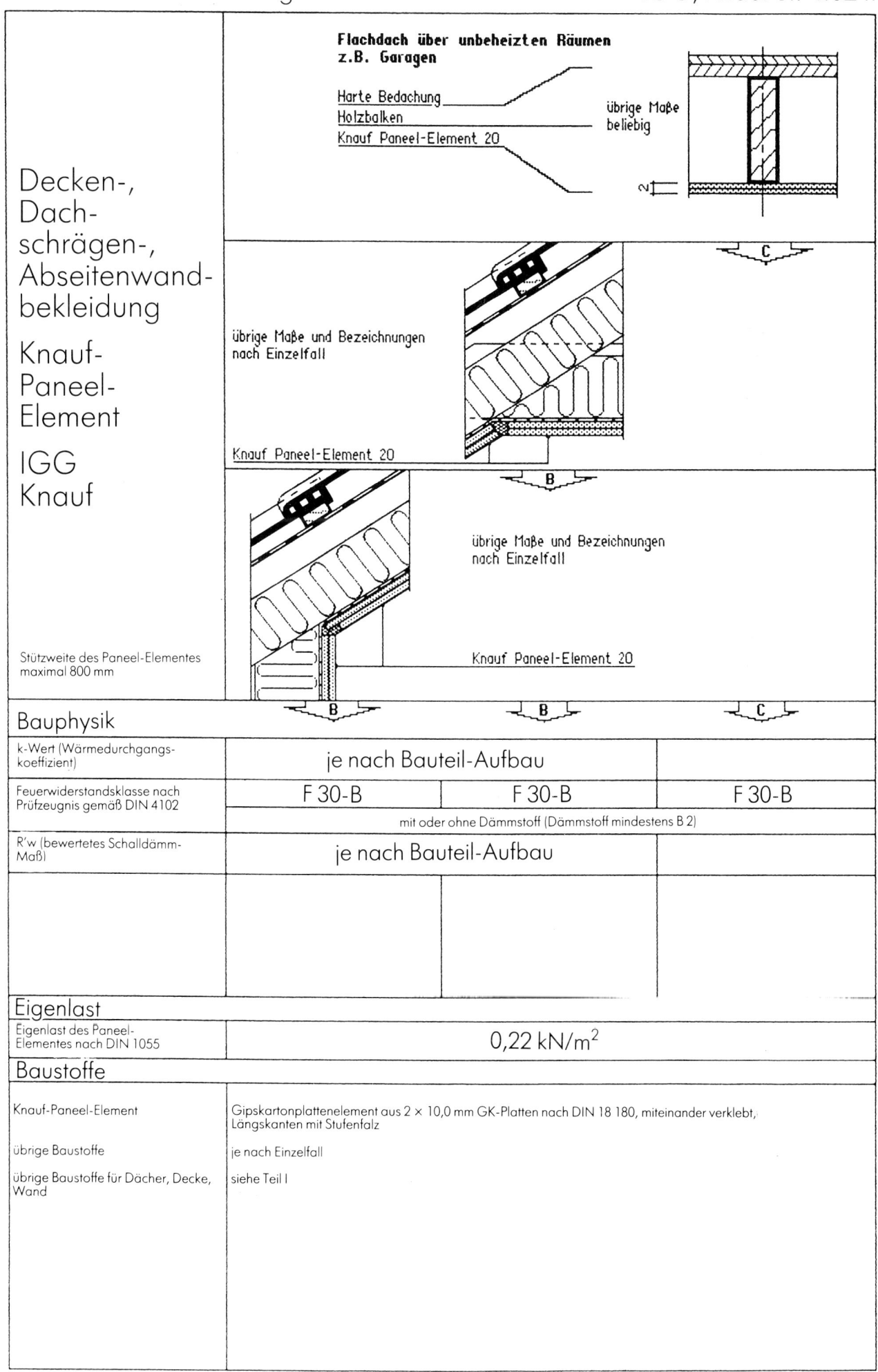

Decken-, Dachschrägen- und Abseitenwandbekleidungen

IGG, Knauf 6.74.02 II

Decken-, Dachschrägen-, Abseitenwandbekleidung

Knauf-Paneel-Element

IGG Knauf

Flachdach über unbeheizten Räumen z.B. Garagen
- Harte Bedachung
- Holzbalken
- Knauf Paneel-Element 20

übrige Maße beliebig

übrige Maße und Bezeichnungen nach Einzelfall

Knauf Paneel-Element 20

übrige Maße und Bezeichnungen nach Einzelfall

Knauf Paneel-Element 20

Stützweite des Paneel-Elementes maximal 800 mm

Bauphysik

k-Wert (Wärmedurchgangs-koeffizient)	je nach Bauteil-Aufbau		
Feuerwiderstandsklasse nach Prüfzeugnis gemäß DIN 4102	F 30-B	F 30-B	F 30-B
	mit oder ohne Dämmstoff (Dämmstoff mindestens B 2)		
R'w (bewertetes Schalldämm-Maß)	je nach Bauteil-Aufbau		

Eigenlast

Eigenlast des Paneel-Elementes nach DIN 1055	0,22 kN/m²

Baustoffe

Knauf-Paneel-Element	Gipskartonplattenelement aus 2 × 10,0 mm GK-Platten nach DIN 18 180, miteinander verklebt, Längskanten mit Stufenfalz
übrige Baustoffe	je nach Einzelfall
übrige Baustoffe für Dächer, Decke, Wand	siehe Teil I

Geschoßdecken

IGG, Knauf 6.74.02 II

Schallschutzwerte von Holzbalkendecken
IGG, Knauf

Konstruktionsaufbau	R'_w bewert. Schall-Dämm-Maß nach DIN 4102	TSM Trittschallschutzmaß			Prüf-zeugnis-Nr.
		ohne Belag	mit PVC-Belag	mit Belag, VM = 26 dB	
		Laborwerte in Klammern			
	dB	dB	dB	dB	
A — Spanplatte ≥ 16 / Holzbalken 60/220 bis 120/220 / Mineralfaser 50/30 / Lattung 24/48 / GKB 12,5	44 (46)	−8 (−12)	− −	+3 −	GS
B — Spanplatte ≥ 16 / Holzbalken 60/220 bis 120/220 / Mineralfaser 50/30 / Knauf-Federschiene / GKB 12,5	53 (56)	−2 (−4)	− −	+9 (+3)	GS 142/77
C — Spanplatte ≥ 16 / Holzbalken 60/220 bis 120/220 / Mineralfaser 50/30 / Knauf-Federschiene / GKB 12,5 / GKB 12,5	53 (58)	+3 (+8)	− −	+14 −	GS 153/77

Erläuterungen zu den Tabellenwerten

Die Tabellenwerte in Klammern für R'_w und TSM sind die Werte von Laborprüfungen mit unterdrückter Schallübertragung über Schallnebenwege. Die fettgedruckten Tabellenwerte sind nach einem von Herrn Prof. Dr.-Ing. habil. Karl Gösele, Leinfelden-Echterdingen, in »Informationsdienst Holz, Schallschutz mit Holzbalkendecken; Hrsg. Entwicklungsgemeinschaft Holzbau in der DGfH; Düsseldorf 1981« vorgeschlagenen Rechenverfahren unter Berücksichtigung der Nebenwege in einem Holzrahmenbau-Haus ermittelt, sofern keine Prüfwerte bei Holzhäusern oder Werte nach Entwurf DIN 4109 Ausgabe 84 vorlagen.

Geschoßdecken

IGG, Knauf 6.74.02 II

Schallschutzwerte von Holzbalkendecken
IGG, Knauf

Konstruktionsaufbau	R'_w	TSM Trittschallschutzmaß ohne Belag	mit PVC-Belag	mit Belag, VM = 26 dB	Prüf-zeugnis-Nr.
		Laborwerte in Klammern			
	dB	dB	dB	dB	
D Knauf-Trockenunterboden, Verbundelement 45; Spanplatte ≥ 16; Holzbalken 60/220 bis 120/220; Mineralfaser 50/30; Knauf-Federschiene; GKB 12,5	57 (63)	+3 (+8)	+3 (+8)	+9 –	GS 146/77
E Knauf-Trockenunterboden, Verbundelement 45; weiche Holzfaserplatte 10; Spanplatte ≥ 16; Holzbalken 60/220 bis 120/220; Mineralfaser 50/30; Knauf-Federschiene; GKB 12,5	57 (64)	+5 (+10)	+6 (+11)	+11 (+21)	GS 147/77
F Knauf-Trockenunterboden, Verbundelement 45; weiche Holzfaserplatte 10; Spanplatte ≥ 16; Holzbalken 60/220 bis 120/220; Mineralfaser 50/30; Knauf-Federschiene; GKB 12,5; GKB 12,5	57 (64)	+9 (+13)	+9 (+13)	+15 –	GS 152/77
G Spanplatte ≥ 22; Mineralfaser TK 15/10; Latte 30/60; Sand 30; Spanplatte ≥ 16; Holzbalken 60/220 bis 120/220; Mineralfaser 50/30; Knauf-Federschiene; GKB 12,5; GKB 12,5	57 (68)	+14 (+28)	– –	+21 –	GS 159/77

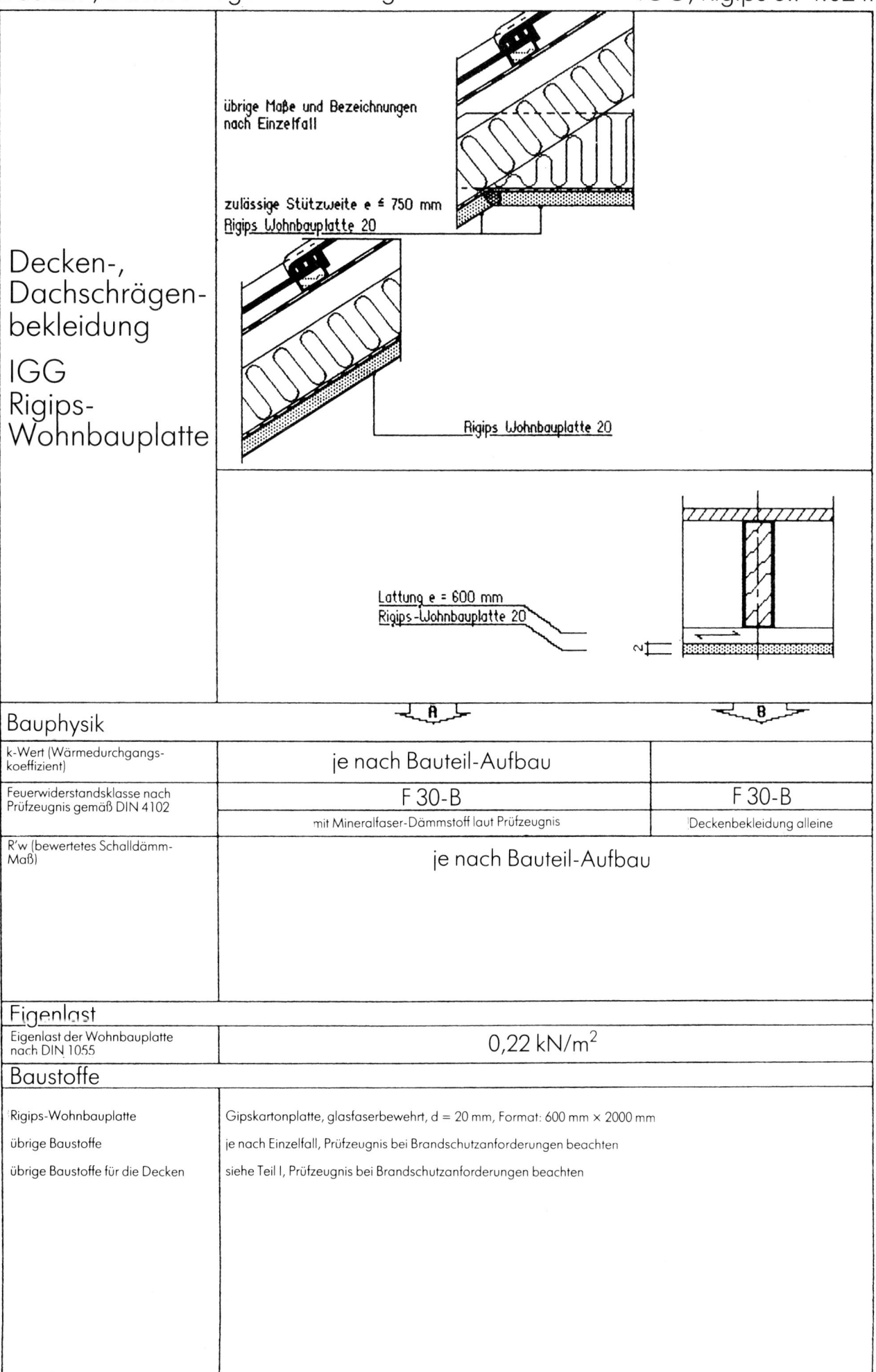

Decken-, Dachschrägenbekleidung IGG, Rigips 6.74.02 II

Decken-,
Dachschrägen-
bekleidung
IGG
Rigips-
Wohnbauplatte

übrige Maße und Bezeichnungen nach Einzelfall

zulässige Stützweite e ≤ 750 mm
Rigips Wohnbauplatte 20

Rigips Wohnbauplatte 20

Lattung e = 600 mm
Rigips-Wohnbauplatte 20

Bauphysik

	A	B
k-Wert (Wärmedurchgangs-koeffizient)	je nach Bauteil-Aufbau	
Feuerwiderstandsklasse nach Prüfzeugnis gemäß DIN 4102	F 30-B	F 30-B
	mit Mineralfaser-Dämmstoff laut Prüfzeugnis	Deckenbekleidung alleine
R'w (bewertetes Schalldämm-Maß)	je nach Bauteil-Aufbau	

Eigenlast

Eigenlast der Wohnbauplatte nach DIN 1055	$0,22$ kN/m^2

Baustoffe

Rigips-Wohnbauplatte	Gipskartonplatte, glasfaserbewehrt, d = 20 mm, Format: 600 mm × 2000 mm
übrige Baustoffe	je nach Einzelfall, Prüfzeugnis bei Brandschutzanforderungen beachten
übrige Baustoffe für die Decken	siehe Teil I, Prüfzeugnis bei Brandschutzanforderungen beachten

Geschoßdecke, Dachschräge

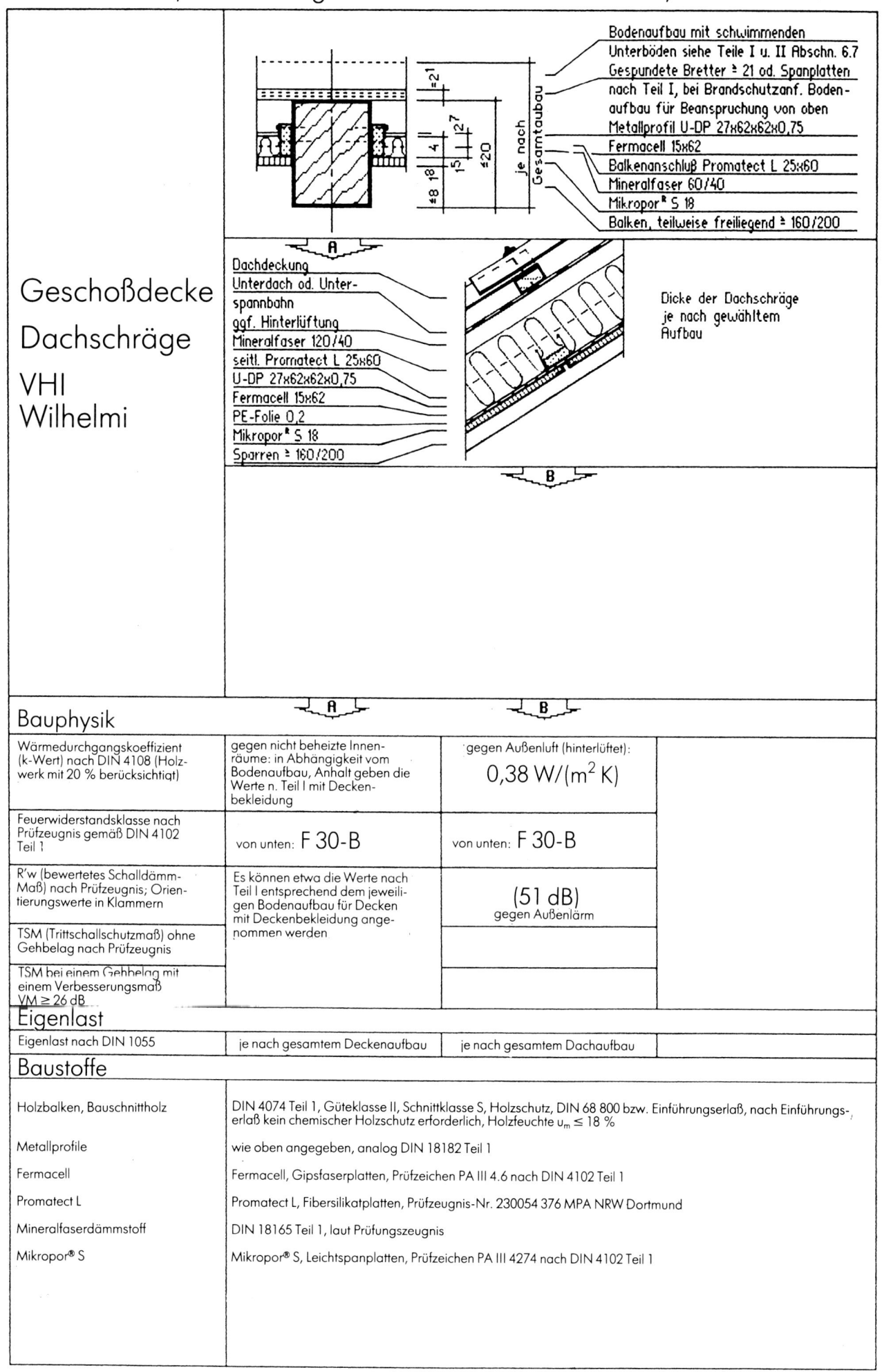

VHI, Wilhelmi 6.78.02 II

Geschoßdecke
Dachschräge
VHI
Wilhelmi

Bauteilaufbau (Decke):
- Bodenaufbau mit schwimmenden Unterböden siehe Teile I u. II Abschn. 6.7
- Gespundete Bretter ≧ 21 od. Spanplatten nach Teil I, bei Brandschutzanf. Bodenaufbau für Beanspruchung von oben
- Metallprofil U-DP 27x62x62x0,75
- Fermacell 15x62
- Balkenanschluß Promatect L 25x60
- Mineralfaser 60/40
- Mikropor® S 18
- Balken, teilweise freiliegend ≧ 160/200

Bauteilaufbau (Dachschräge):
- Dachdeckung
- Unterdach od. Unterspannbahn
- ggf. Hinterlüftung
- Mineralfaser 120/40
- seitl. Promatect L 25x60
- U-DP 27x62x62x0,75
- Fermacell 15x62
- PE-Folie 0,2
- Mikropor® S 18
- Sparren ≧ 160/200

Dicke der Dachschräge je nach gewähltem Aufbau

Bauphysik

	A	B	
Wärmedurchgangskoeffizient (k-Wert) nach DIN 4108 (Holzwerk mit 20 % berücksichtigt)	gegen nicht beheizte Innenräume: in Abhängigkeit vom Bodenaufbau, Anhalt geben die Werte n. Teil I mit Deckenbekleidung	gegen Außenluft (hinterlüftet): $0{,}38 \text{ W}/(\text{m}^2 \text{ K})$	
Feuerwiderstandsklasse nach Prüfzeugnis gemäß DIN 4102 Teil 1	von unten: F 30-B	von unten: F 30-B	
R'w (bewertetes Schalldämm-Maß) nach Prüfzeugnis; Orientierungswerte in Klammern	Es können etwa die Werte nach Teil I entsprechend dem jeweiligen Bodenaufbau für Decken mit Deckenbekleidung angenommen werden	(51 dB) gegen Außenlärm	
TSM (Trittschallschutzmaß) ohne Gehbelag nach Prüfzeugnis			
TSM bei einem Gehbelag mit einem Verbesserungsmaß VM ≧ 26 dB			

Eigenlast

Eigenlast nach DIN 1055	je nach gesamtem Deckenaufbau	je nach gesamtem Dachaufbau	

Baustoffe

Holzbalken, Bauschnittholz	DIN 4074 Teil 1, Güteklasse II, Schnittklasse S, Holzschutz, DIN 68 800 bzw. Einführungserlaß, nach Einführungserlaß kein chemischer Holzschutz erforderlich, Holzfeuchte $u_m \leq 18\%$
Metallprofile	wie oben angegeben, analog DIN 18182 Teil 1
Fermacell	Fermacell, Gipsfaserplatten, Prüfzeichen PA III 4.6 nach DIN 4102 Teil 1
Promatect L	Promatect L, Fibersilikatplatten, Prüfzeugnis-Nr. 230054 376 MPA NRW Dortmund
Mineralfaserdämmstoff	DIN 18165 Teil 1, laut Prüfungszeugnis
Mikropor® S	Mikropor® S, Leichtspanplatten, Prüfzeichen PA III 4274 nach DIN 4102 Teil 1

6.9 II

SYSTEMZUBEHÖR
SYSTEMERGÄNZUNGEN

Anbauten HNT 6.93.01 II

Brügmann-Anbauten aus Holz (Vorbauten, Balkone offen und überdacht, geschlossene Anbauten)

Wichtige konstruktive Grundlagen

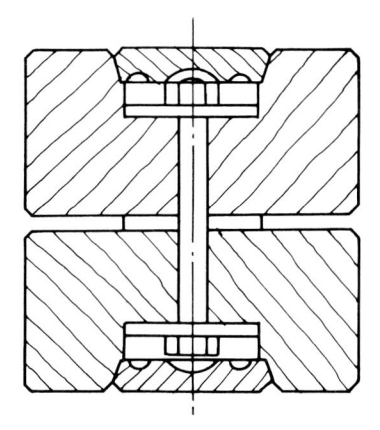

- Nord. Fichte/Tanne, Holzfeuchte gemäß DIN 1052 ca. 18 %
- Profilleiste zur Abdeckung der Verbindungsteile
- Verdeckt liegende Verbindungsteile aus Stahl, feuerverzinkt (gerade und Winkelplatten, Klemmbolzen, Stabdübel)
- Vollholz-Doppelquerschnitt ist im Prinzip riß- und verwindungsfrei, sicherer Korrosionsschutz
- Steife Eckpunkte, kein Aussteifen über Streben und Kopfbänder erforderlich.

Vollholz-Doppelquerschnitt, musterrechtlich geschützt.   M 1:5

Bei Forderung F 30 Ausführung als ungeteilter Querschnitt aus Brettschichtholz mit gleichen Anschlußmaßen.

Systemübersicht:

Die Systemmaße (Achsmaße) basieren auf dem Modul von 62,5 cm und betragen
in der Tiefe 1,25 m; 1,875 m
in der Breite 1,25 m; 1,875 m; 2,50 m
sowie das Vielfache davon.

Außenbündige Bekleidung mit Elementen aus Holz, Kunststoff, Glas, je nach Forderung.
Stufenweiser Ausbau möglich.
Achtung: Bauaufsichtliche Bestimmungen hinsichtlich der Genehmigungspflicht beachten.

System-Übersicht

Vorbauten   Balkone offen   Balkone überdacht, evtl. geschlossen

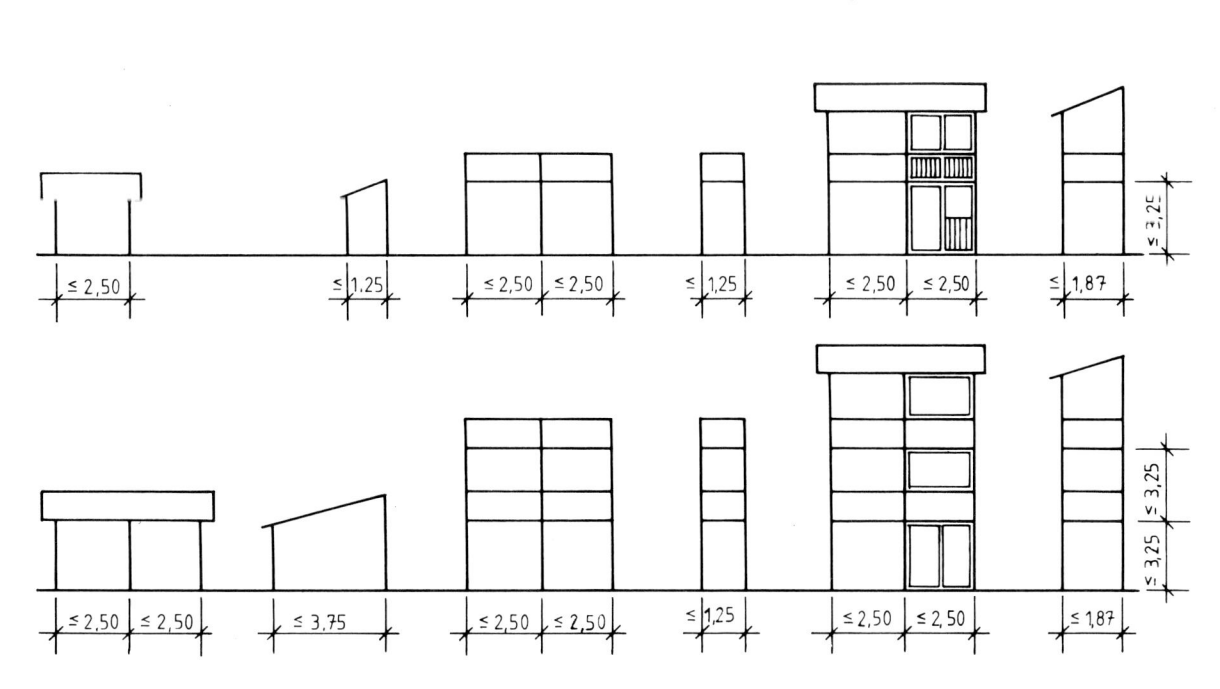

M = 1:100

Gebogene Gipskartonplatten

IGG, Danogips 6.92.02 II

Gebogene Gipskartonplatten
Danogips

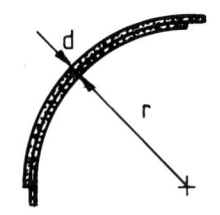

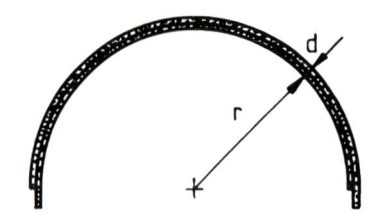

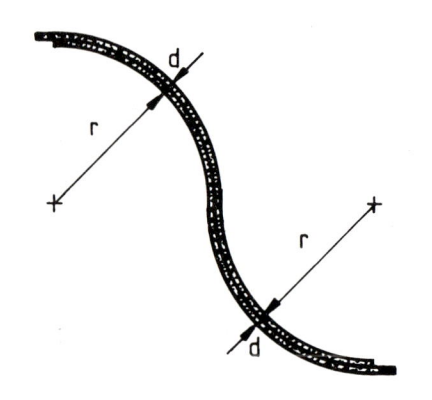

Biegeradien: bei d = 2 × 12,5 mm minimal   50 mm
             bei d = 2 × 9,5 mm minimal   50 mm
             bei d = 1 × 12,5 mm minimal 800 mm
             bei d = 1 × 9,5 mm minimal 400 mm

Standardlänge: 1250 mm, max. Länge: 3000 mm, Breite im Bogen gemessen: bis 3000 mm
Werkseitige Beschichtung mit Textilien, Folien usw. möglich

Wände

Wandverbreitung für Haustechnik

Runde Wandteile

Deckengewölbe

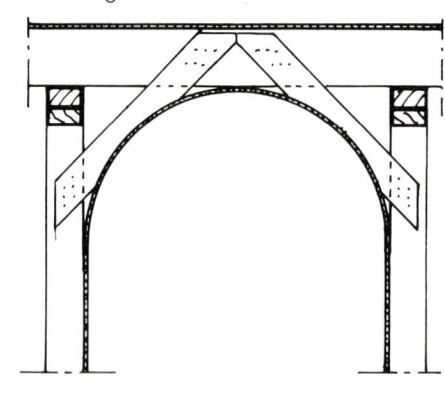

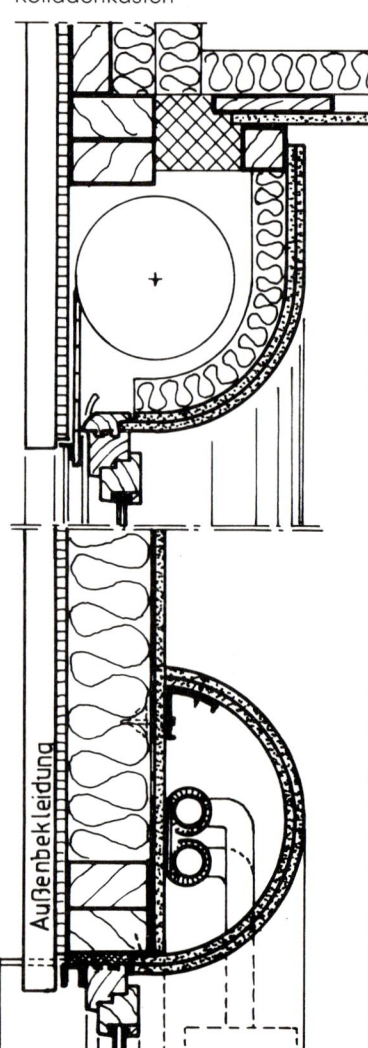

Rolladenkasten

Außenbekleidung

Weitere Anwendungsmöglichkeiten

Leibungen bei Treppenöffnungen und Lichtkuppeln
Runde Wandecken
Abgerundete Anschlüsse der Dachschräge an den Trempel
usw.

Gipskartonhohlkehlleisten

IGG, Gyproc 6.92.02 II

Gipskartonhohlkehlleisten Gyproc

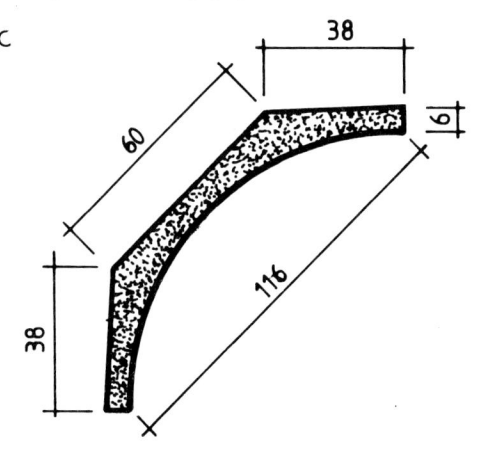

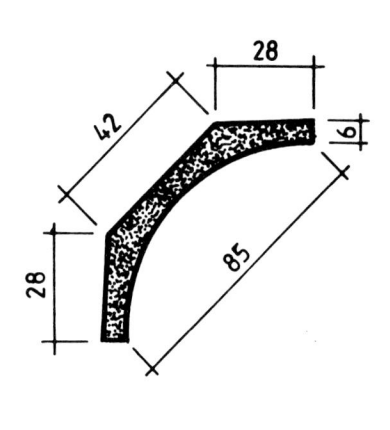

Gipskartonhohlkehlleisten bestehen aus einem Gipskern und einer Ummantelung aus Spezialkarton
Standardlänge für beide Profile 2500 mm
Die Profile können geschraubt, genagelt, geklammert und geklebt werden

Eckausbildung an Wand und Decke

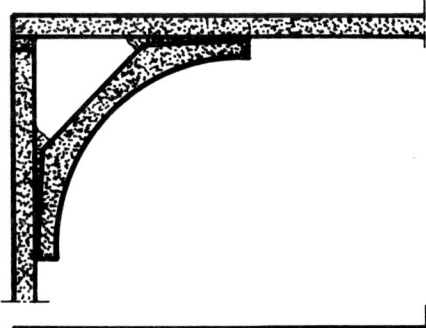

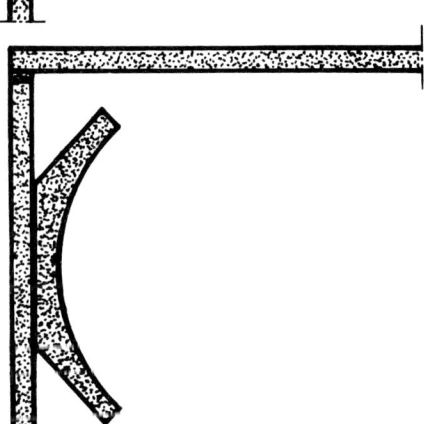

Blende für indirekte Beleuchtung

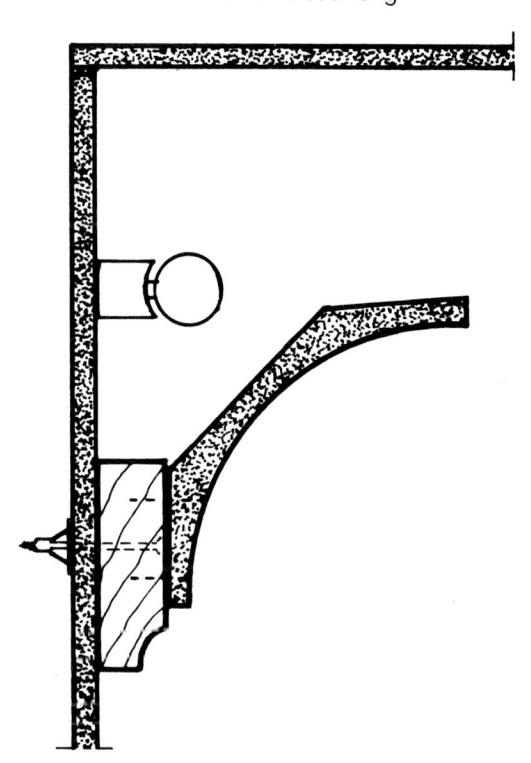

Deckenbekleidung
ohne Brandschutzanforderungen
übriger Deckenaufbau siehe 6.7 Teil I und II

Rieselschutz

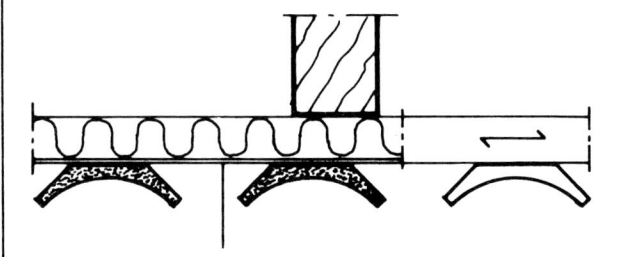

Deckenbekleidung
an Decke F 30-B
mögliche Decken z. B. Teil I 6.71.02 A, 6.72.02, 6.73.02

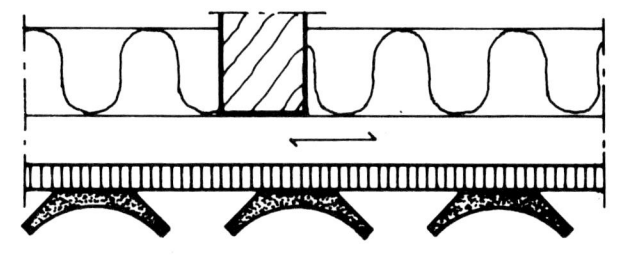

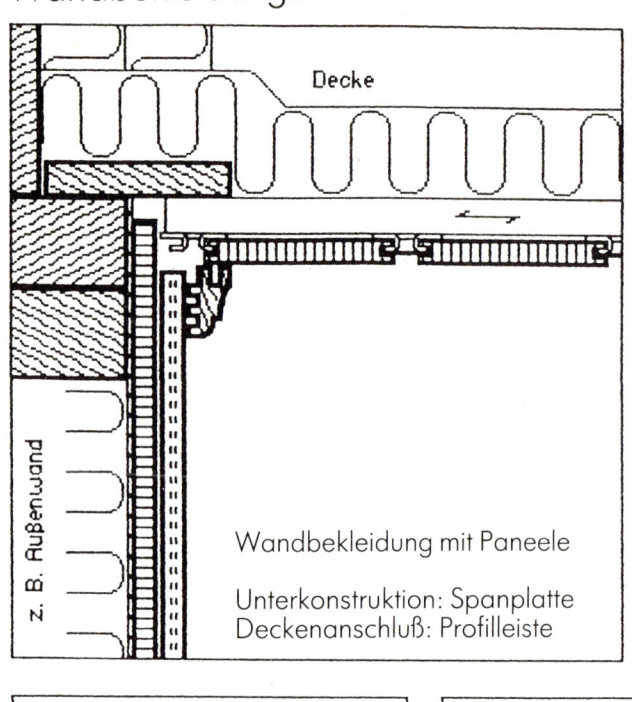

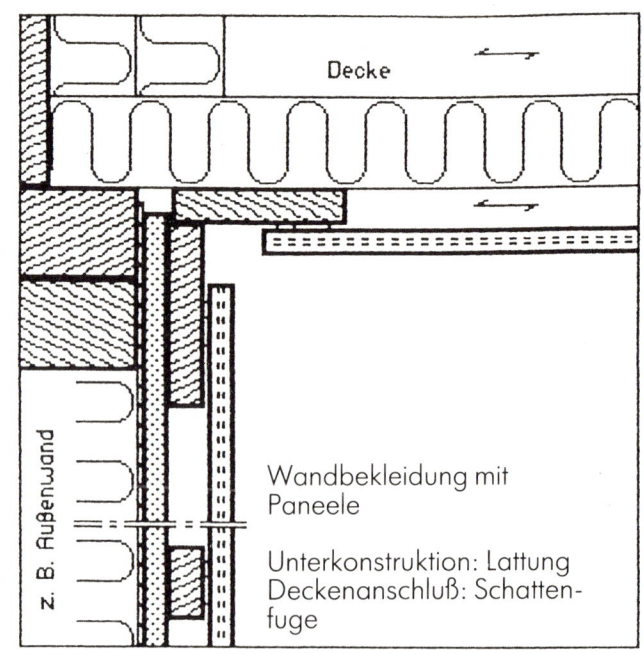

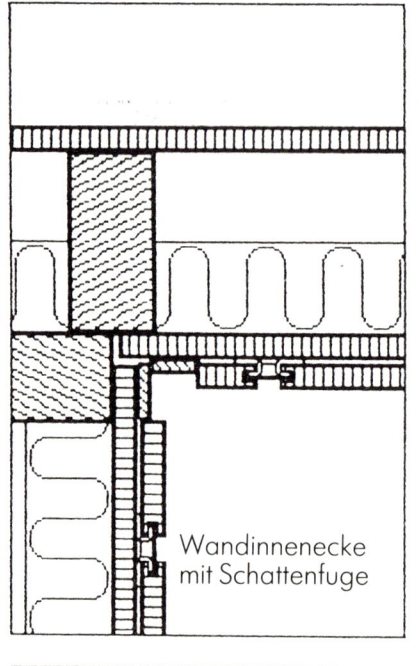

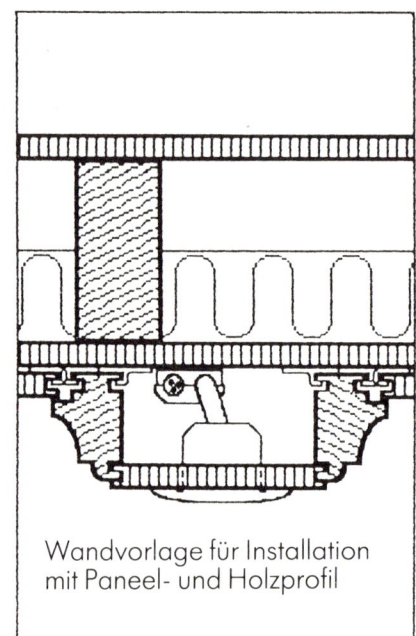

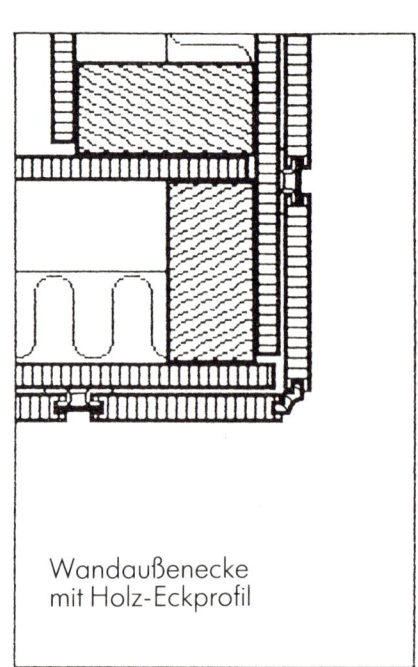

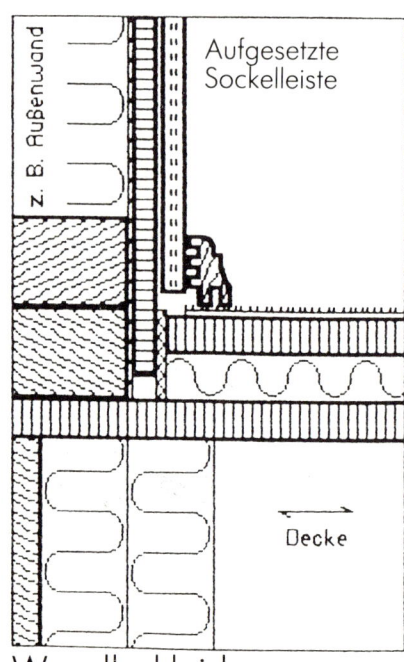

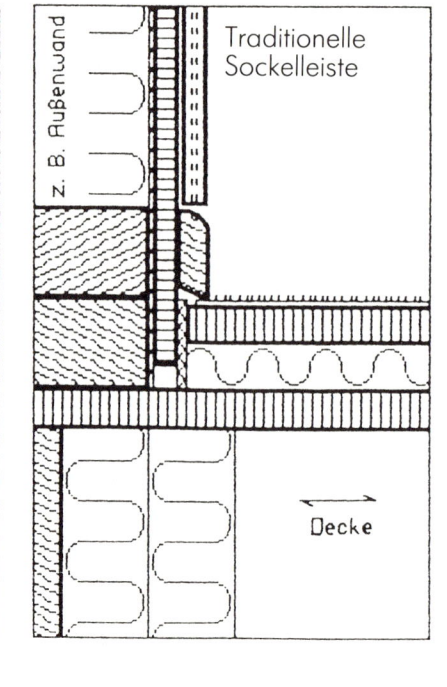

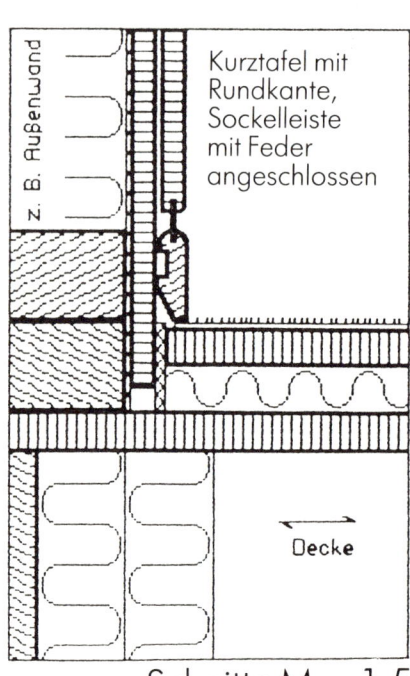

Wandbekleidungen mit Paneelen

VHI 6.98.01 II

Wandbekleidung mit Paneele
Unterkonstruktion: Spanplatte
Deckenanschluß: Profilleiste

Wandbekleidung mit Paneele
Unterkonstruktion: Lattung
Deckenanschluß: Schattenfuge

Wandinnenecke mit Schattenfuge

Wandvorlage für Installation mit Paneel- und Holzprofil

Wandaußenecke mit Holz-Eckprofil

Aufgesetzte Sockelleiste

Traditionelle Sockelleiste

Kurztafel mit Rundkante, Sockelleiste mit Feder angeschlossen

Wandbekleidung — Schnitte M = 1:5

Decken mit Paneel-Zubehör

VHI 6.98.02 II

Profildecken — Wandanschluß (z. B. Außenwand, Decke)

Profildecken — stabförmiges Profil (Decke)

Profildecken — Felder mit Paneelen oder Kassetten (Decke)

Deckengesims mit Paneel- und Holzprofil (z. B. Außenwand, Decke)

Deckengesims für indirekte Beleuchtung

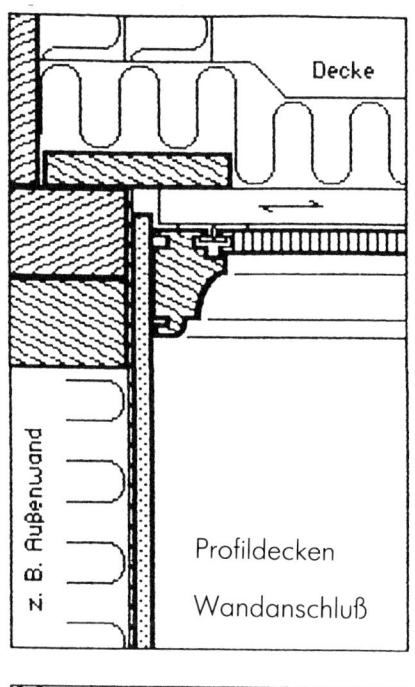

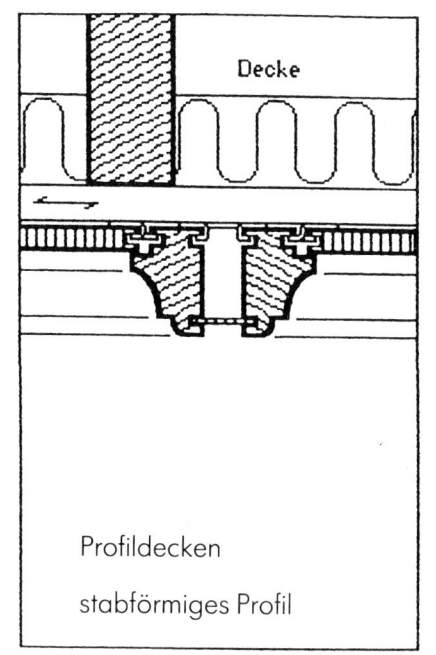

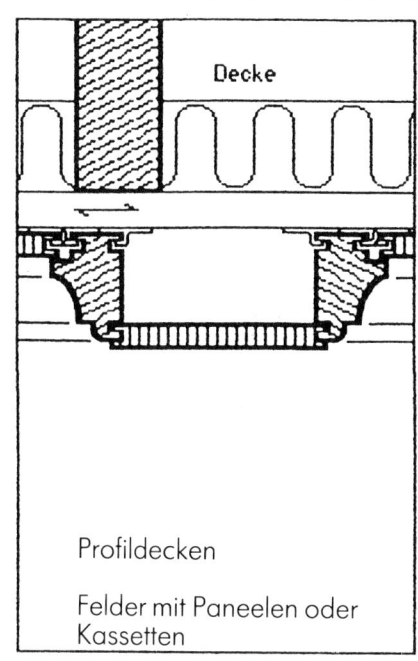

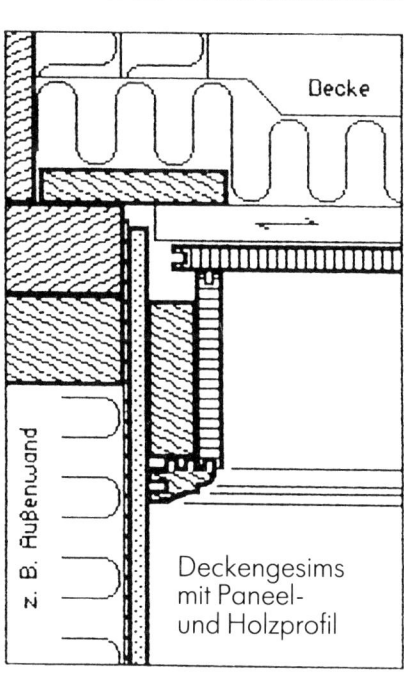

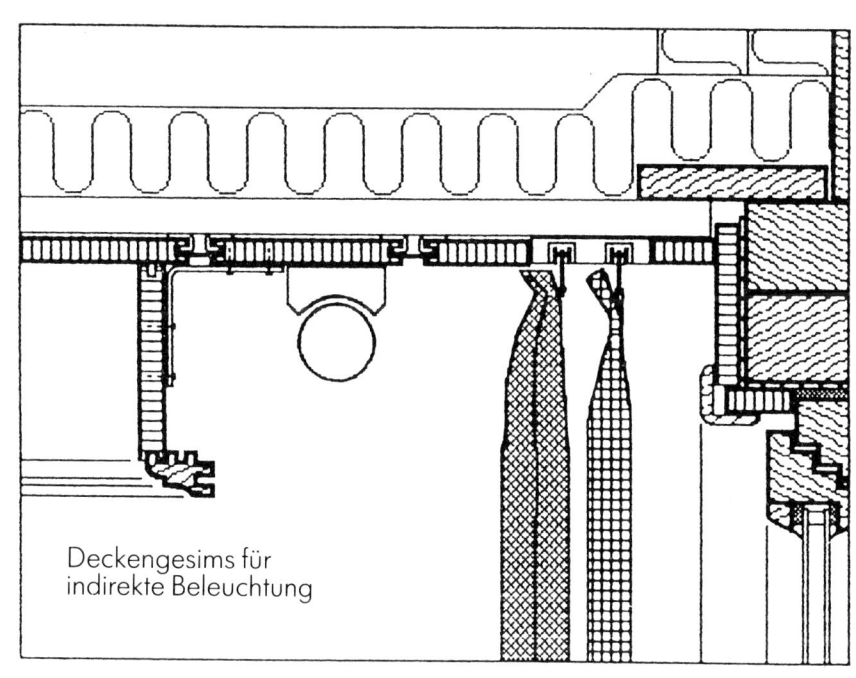

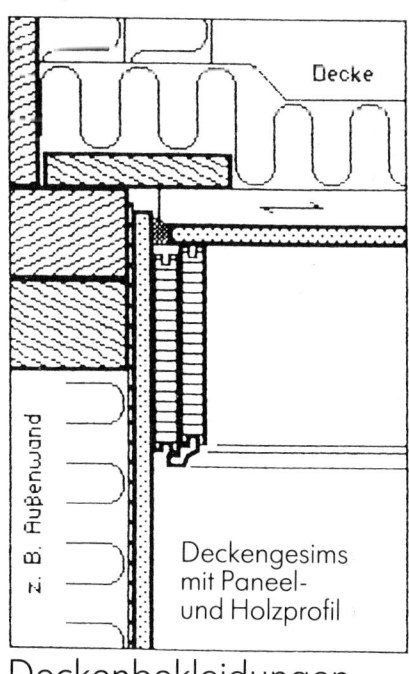

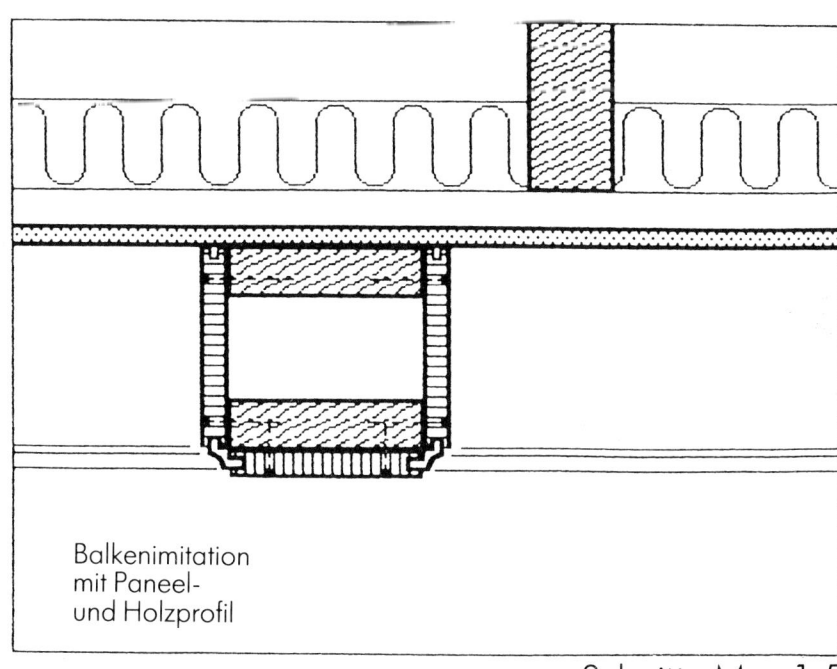

Deckengesims mit Paneel- und Holzprofil (z. B. Außenwand, Decke)

Balkenimitation mit Paneel- und Holzprofil (Decke)

Deckenbekleidungen — Schnitte M = 1:5

Paneele in Feuchträumen; Akustikbekleidungen

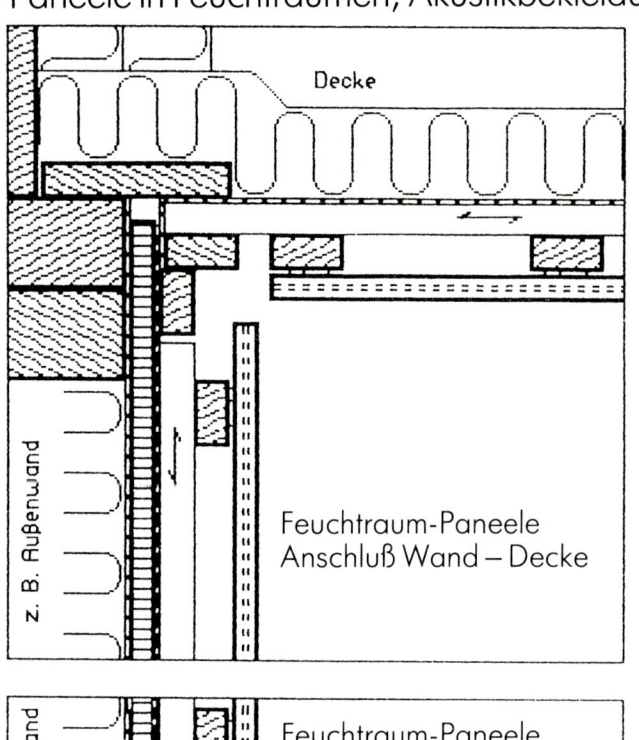

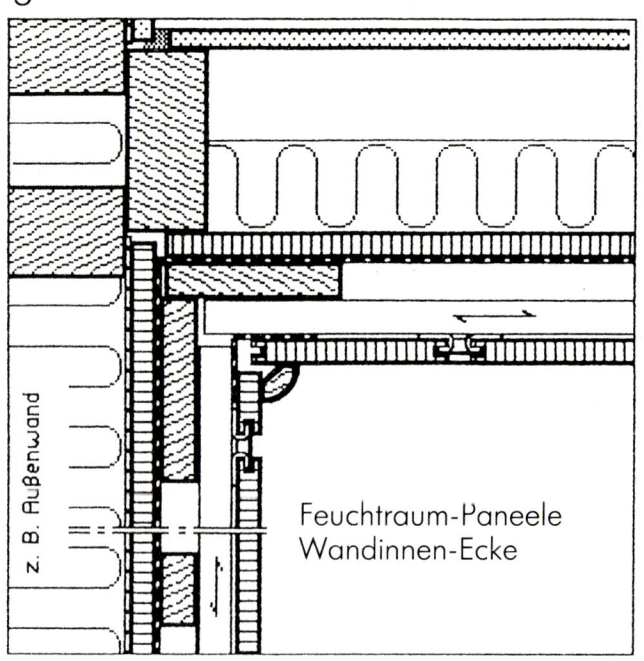

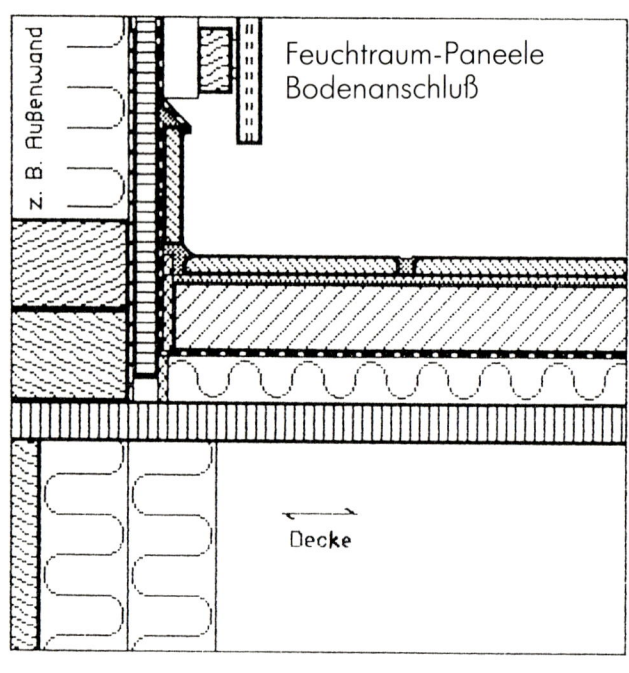

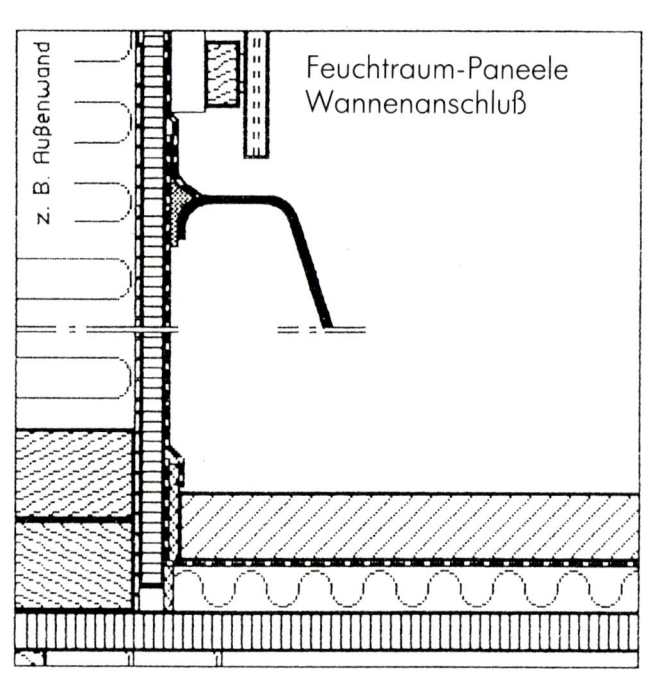

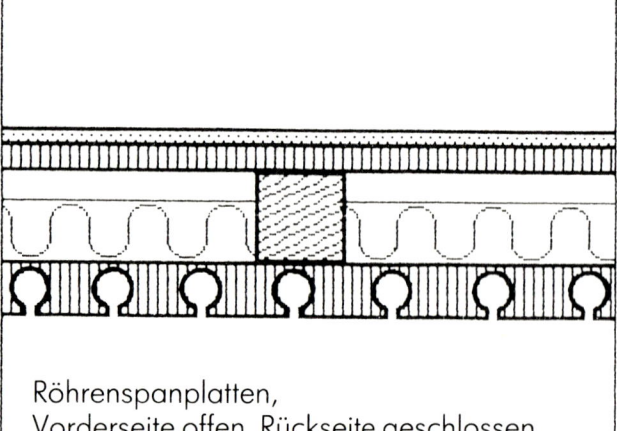

VHI 6.98.03 II

Feuchtraum-Paneele Anschluß Wand – Decke (z. B. Außenwand, Decke)

Feuchtraum-Paneele Wandinnen-Ecke (z. B. Außenwand)

Feuchtraum-Paneele Bodenanschluß (z. B. Außenwand, Decke)

Feuchtraum-Paneele Wannenanschluß (z. B. Außenwand)

Röhrenspanplatten, Vorderseite offen, Rückseite geschlossen, zum Schallschutz angrenzender Räume

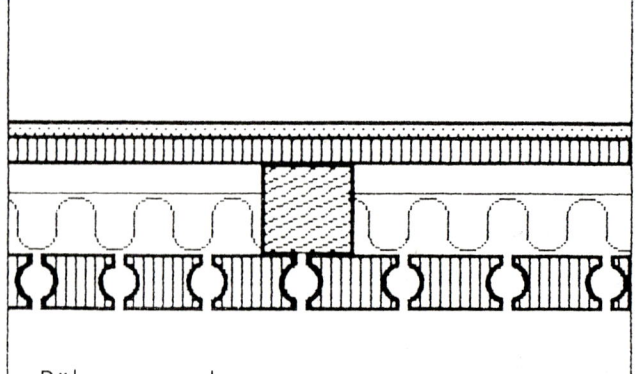

Röhrenspanplatten, Vorder- und Rückseite offen, zur Schalldämpfung des Raumes

Wandbekleidung Feuchträume, Raumakustik Schnitte M = 1:5

7 II TRAGWERKSKONSTRUKTION

(7.1 bis 7.3 siehe Teil I)

7.4 II VERBINDUNGEN; BEFESTIGUNGEN

Mechanische Verbindungen Paslode 7.47.01 II

Paslode Nägel

Paslode Rillennägel

Bezeichnung:	Kurzzeichen d_n x l_n (mm)
Kurzzeichen:	RS – Rillennagel
	bn. – beharzt
	galv. – galvanisiert
	St. St. – nichtrostender Stahl
	Werkstoff Nr. 1.4300 nach DIN 17 440
Beispiel:	2,9 x 60 RS galv.

Nachweis: **Für tragende Holzverbindungen:** Allgemeine bauaufsichtliche Zulassung Z 9.1 – 17 und Z 9.1 – 96 bzw. Werksbescheinigung (DIN 50 049 – 2.1) für die Tragfähigkeitsklasse nach DIN 1052 Teil 2, 6.1 (Ausgabe April 1988)

Paslode Rillennägel dürfen durch ständige Lasten (Lastfall H) auf Herausziehen beansprucht werden.

Paslode Klammern Bezeichnung: Kurzzeichen
- GS – Klammertyp
- 16 – Drahtdicke
- L_K – Klammerlänge

Beispiel: GS 16/50 – alle Klammern verzinkt und beharzt

Nachweis: **Für tragende Holzverbindungen:** Allgemeine bauaufsichtliche Zulassung Z 9.1 – 131 bzw. Werksbescheinigung (DIN 50 049 – 2.1) nach DIN 1052 Teil 2, 8.1 (Ausgabe April 1988)
Paslode Klammern (beharzt) dürfen durch ständige Lasten (Lastfall H) mit 50 N auf Herausziehen beansprucht werden.
Für Plattenbefestigungen DIN 18182, Teil 3 und 4.

Übersicht: Bei Wand- und Deckenbekleidung.

Tragende Verbindungen mit Paslode-Verbindungsmitteln

Anwendungsgebiet			Paslode Nägel – Klammern	Einbaubedingungen
Tragwerkkonstruktion				
Schwallanlage, Räume, Raumstöße, Räume an Wandecken und -anschlüssen, Balkenstöße			4,2 x 110 glatt	Teil I, Kap. 7
Mehrteilig vernagelte Stützen nach 8.34.01A			4,2 x 110 glatt	
Stürze Balkenstöße, Verbindungen			4,6 x 130 glatt	Teil I, Kap. 7
Aussteifende Spanplatten 13 mm und 16 mm Breite			2,5 x 40 RS galv.	Teil I, Kap. 7
			Klammer GS 16/45 bh.	e = 3 cm – Einschlagwinkel
Bei Ständer 3 x 7 cm			2,9 (8 cm) x 402	45° bis 90° zur Holzfaserrichtung
Aussteifende Spanplatten 25 mm (Decken)			2,5 x 45 RS galv.	Teil I, Kap. 7
Stahlblechformteile und Stahlteile			4,0 50 RS galv.	Teil I, Kap. 7
Unterkonstruktionen				
Außenwände	6.11		2,9 x 60 St. St. RS	Teil I, Kap. 7
	6.12		Grundlattung 2,9 x 60 RS St. St. Traglattung 2,2 x 45 RS St. St.	e = 40 cm 2 Stück je Kreuzungspunkt
			beide Latten zusammen 3,1 x 90 RS St. St.	2 Stück je Kreuzungspunkt
	3.16 6.14		Grundlattung 29 x 60 RS St. St. Traglattung 2,9 x 51 RS St. St.	e = 40 cm 2 Stück je Kreuzungspunkt
	6.10.01		Holzwell-Leichtbauplatte galv. 3,4 x 70 mit Scheibe	3 Stück pro Platte und Unterstützung
Innenwände	6.10.03		2,9 x 51 RS galv.	je 1 Stück je Kreuzungspunkt
Decken	alle Bekleidungen		2,9 x 51 RS galv.	2 Stück je Kreuzungspunkt
Bekleidungen				
Außenwände	6.11	Böden	2,9 x 45 RS St. St.	Böden nur auf einer Seite nageln
		Deckel	9,9 x 75 RS St. St.	Deckel in Fuge zwischen Boden nageln
	6.12	N-F-Bretter	Linsenkopfn. 2,5 x 45 RS St. St. o. Mess. sichtbare Befestigung	
	6.13	Holzschindeln	Linsenkopfn. 2,5 x 45 RS St. St.	
	6.14	Faserzement Platten	auf Anfrage	
Wand- und Deckenbekleidung – innen – siehe nachfolgend				

Verbindungs- und Befestigungsmittel   Paslode 7.47.02 II

Befestigung Wandbekleidung mit Paslode Nägeln

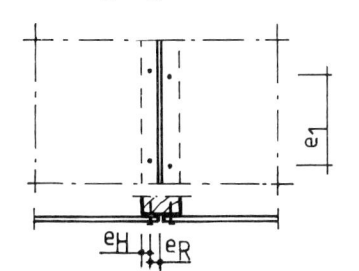

Bezeichnung: dn x ln (mm)

Kurzzeichen: R   – Schaft gerillt
              G   – Schaft glatt
              galv. – galvanisiert

Nachweis: DIN 18 181
           DIN 18 182 Teil 4

Nagelung der Decklage

Plattenart	Gesamtdicke der Bekleidung mm	Paslode-Nagel Typ	e_1 cm	e_1 cm Brandschutz	e_R mm */**	e_H mm min.
Gipskartonbauplatten (GKB)	9,5	2,2 R – 32 galv. 2,5 R – 32 galv.	17	12	10 / 15	11 12,5
	12,5	2,2 R – 32 galv. 2,5 R – 32 galv.	17	12	10 / 15	11 12,5
	15,0	2,2 R – 32 galv. 2,5 R – 45 galv.	17	12	10 / 15	11 12,5
	18,0	2,2 R – 45 galv. 2,5 R – 45 galv.	17	12	10 / 15	11 12,5
	23,0	2,5 R – 45 galv.	17	12	10 / 15	12,5
	25,0	2,5 R – 45 galv.	17	12	10 / 15	12,5
Gipskartonfeuerschutzplatten (GKF)	12,5	2,2 R – 32 galv. 2,5 R – 32 galv.	12	12	10 / 15	12,5
	25,0	2,5 R – 45 galv.	12	12	10 / 15	12,5
	36,0	Auf Anfrage				
Fermacell Gipsfaserplatten	10,0	2,2 R – 32 galv.	20	15	10	11
	12,5	2,2 R – 45 galv. 2,5 R – 32 galv.	25	20	10	11 12,5
	15,0	2,5 R – 45 galv.	30	20	10	12,5
	18,0	2,5 R – 45 galv.	30	20	10	12,5
Holzspanplatten	13,0	2,2 R – 32 galv. 2,5 R – 32 galv.	17	12	12	11 12,5
	16,0	2,2 R – 45 galv. 2,5 R – 45 galv.	17	12	12	11 12,5
	23,0	2,5 R – 45 galv.	17	12	12	12,5

Bei zweilagigen Bekleidungen gelten für die untere Lage die 3-fachen Abstände der Befestigungsmittel.

* Karton-ummantelte Kanten
** geschnittene Kanten

Verbindungs- und Befestigungsmittel Paslode 7.47.03 II

Befestigung Wandbekleidung mit Paslode-Schrauben

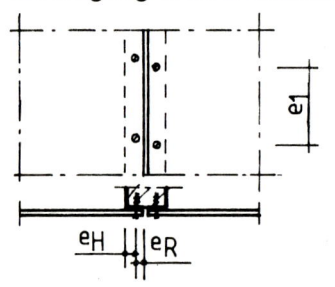

Bezeichnung: ds x ls (mm)
Kurzzeichen: galv. − verzinkt
              ph. − phosphatiert
Beispiel: Schnellbauschraube 4,0 x 30 galv.

Nachweis: DIN 18 181
          DIN 18 182 Teil 2

Verschraubung der Decklage

Plattenart	Gesamtdicke der Bekleidung mm	Paslode-Schraube Typ	e_1 cm	e_R mm */**	e_H mm min.
Gipskartonbauplatten (GKB)	9,5	4,0 x 30 galv. ph.	25	10 / 15	12
	12,5	4,0 x 35 galv. ph.	25	10 / 15	12
	15,0	4,0 x 35 galv. ph.	25	10 / 15	12
	18,0	4,0 x 40 galv. ph.	25	10 / 15	12
	23,0	4,0 x 45 galv. ph.	25	10 / 15	12
	25,0	4,0 x 45 galv. ph.	25	10 / 15	12
Gipskartonfeuerschutzplatten (GKF)	12,5	4,0 x 35 galv. ph.	25	10 / 15	12
	25,0	4,0 x 45 galv. ph.	25	10 / 15	12
	36,0	Auf Anfrage			
Fermacell Gipsfaserplatten	10,0	4,0 x 30 galv. ph.	25	12	12
	12,5	4,0 x 35 galv. ph.	25	12	12
	15,0	4,0 x 45 galv. ph.	25	12	12
	18,0	4,0 x 43 galv. ph.	25	12	12
Holzspanplatten	13,0	4,0 x 35 galv. ph.	25	12	12
	16,0	4,0 x 40 galv. ph.	25	12	12
	23,0	4,0 x 45 galv. ph.	25	12	12

Bei zweilagigen Bekleidungen gelten für die untere Lage die 3-fachen Abstände der Befestigungsmittel.

* Karton-ummantelte Kanten
** geschnittene Kanten

Verbindungs- und Befestigungsmittel

Befestigung Wandbekleidung und Deckenbekleidung mit Paslode-Klammern

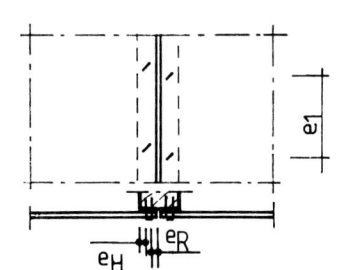

Bezeichnung: Kurzzeichen GS – Klammertyp
16 – Drahtstärke
L_K – Klammerlänge
beh. – beharzt
Beispiel: GS 16/50 – alle Klammern verzinkt
Nachweis: DIN 18 181
DIN 18 182 Teil 4
Allgemeine bauaufsichtliche Zulassung Z 9.1 – 131
bzw. Werkbescheinigung (DIN 50 049 – 2.1) nach
DIN 1052 Teil 2, 8.1 (Ausgabe April 1988)
für Paslode-Klammern Typ GS 16
Im Bereich von Decken und Dachschrägen nur beharzte Klammern verwenden.
Einschlagwinkel 45 – 90° zur Holzfaserrichtung

Befestigung der Decklage mit Klammern

Plattenart	Gesamtdicke der Bekleidung mm	Paslode-Klammern Typ	e_1 cm	e_R mm 1) */**	e_H mm 1) min.
Gipskartonbauplatten (GKB)	9,5	GSN 18/29 beh.	8	12	6
	12,5	GSI 18/32 beh.	7	10	6
	15,0	GSI 18/35 beh.	8	10	6
	18,0	GS 16/45 beh.	8	10	8
	23,0	GS 16/50 beh.	7	10	8
	25,0	GS 16/50 beh.	8	10	8
Gipskartonfeuerschutzplatten (GKF)	12,5	GSI 18/32 beh.	8	10	6
	25,0	GS 16/50 beh.	8	10	8
	36,0				
Fermacell Gipsfaserplatten	10,0	GSN 18/29 beh.	15	10	6
	12,5	GSI 18/32 beh.	20	10	6
	15,0	GS 16/45 beh.	20	10	8
	18,0	GS 16/50 beh.	20	10	8
Holzspanplatten	13,0	GS 16/35 beh.	12	8	8
	16,0	GS 16/38 beh.	12	8	8
	23,0	GS 16/45 beh.	12	8	8

Bei zweilagigen Bekleidungen gelten für die untere Lage die 3-fachen Abstände der Befestigungsmittel.
1) Maße gelten vom nächstliegenden Klammerschenkel.

* Karton-ummantelte Kanten
** geschnittene Kanten

Verbindungs- und Befestigungsmittel Paslode 7.47.05 II

Befestigung Deckenbekleidung mit Paslode Nägeln

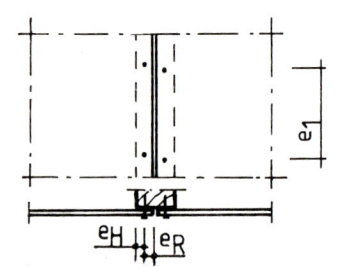

Bezeichnung: dn x ln (mm)

Kurzzeichen: R – Schaft gerillt
G – Schaft glatt
galv. – galvanisiert

Nachweis: DIN 18 181
DIN 18 182 Teil 4

Nagelung der Decklage

Plattenart	Gesamtdicke der Bekleidung mm	Paslode-Nagel Typ	e1 cm	e1 cm Brandschutz	eR mm	eH mm min.
Gipskartonbauplatten (GKB)	9,5	2,2 R – 32 galv.	15	10	10 / 15	11
	12,5	2,2 R – 32 galv. 2,5 R – 32 galv.	15	10	10 / 15	11 12,5
	15,0	2,2 R – 32 galv. 2,5 R – 45 galv.	15	10	10 / 15	11 12,5
	18,0	2,2 R – 45 galv. 2,5 R – 45 galv.	15	10	10 / 15	11 12,5
	23,0	2,5 R – 45 galv.	15	10	10 / 15	12,5
	25,0	2,5 R – 45 galv.	15	10	10 / 15	12,5
Gipskartonfeuerschutzplatten (GKF)	12,5	2,2 R – 32 galv. 2,5 R – 32 galv.	15	10	10 / 15	11 12,5
	25,0	2,5 R – 45 galv.	15	10	10 / 15	12,5
	36,0	Auf Anfrage				
Fermacell Gipsfaserplatten	10,0	2,2 R – 32 galv.	15	15	10	11
	12,5	2,2 R – 32 galv. 2,5 R – 32 galv.	20	20	10	11 12,5
	15,0	2,5 R – 45 galv.	25	20	10	12,5
	18,0	2,5 R – 45 galv.	25	20	10	12,5
Holzspanplatten	13,0	2,2 R – 32 galv.	15	10	12	11
	16,0	2,2 R – 45 galv.	15	10	12	11
	23,0	2,5 R – 45 galv.	15	10	12	12,5

Bei zweilagigen Bekleidungen gelten für die untere Lage die 3-fachen Abstände der Befestigungsmittel.

Verbindungs- und Befestigungsmittel Paslode 7.47.06 II

Befestigung Deckenbekleidung mit Paslode-Schrauben

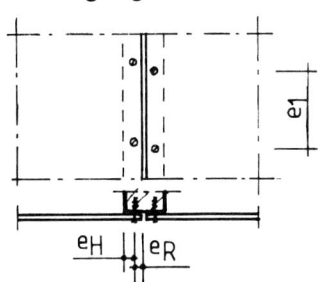

Bezeichnung: ds x ls (mm)
Kurzzeichen: galv. – verzinkt
ph. – phosphatiert
Beispiel: Schnellbauschraube 4,0 x 30 galv.

Nachweis: DIN 18 181
DIN 18 182 Teil 2

Verschraubung der Decklage

Plattenart	Gesamtdicke der Bekleidung mm	Paslode-Schraube Typ	e_1 cm	e_1 cm Brandschutz	e_R mm */**	e_H mm
Gipskartonbauplatten (GKB)	9,5	4,0 x 30 galv. ph.	20	17	10 / 15	12
	12,5	4,0 x 35 galv. ph.	20	17	10 / 15	12
	15,0	4,0 x 35 galv. ph.	20	17	10 / 15	12
	18,0	4,0 x 40 galv. ph.	20	17	10 / 15	12
	23,0	4,0 x 45 galv. ph.	20	17	10 / 15	12
	25,0	4,0 x 45 galv. ph.	20	17	10 / 15	12
Gipskartonfeuerschutzplatten (GKF)	12,5	4,0 x 35 galv. ph.	20	17	10 / 15	12
	25,0	4,0 x 45 galv. ph.	20	17	10 / 15	12
	36,0	Auf Anfrage				
Fermacell Gipsfaserplatten	10,0	4,0 x 30 galv. ph.	20	20		12
	12,5	4,0 x 35 galv. ph.	25	20		12
	15,0	4,0 x 45 galv. ph.	30	20	10	12
	18,0	4,0 x 45 galv. ph.	30	20	10	12
Holzspanplatten	13,0	4,0 x 35 galv. ph.	20	17	12	12
	16,0	4,0 x 40 galv. ph.	20	17	12	12
	23,0	4,0 x 45 galv. ph.	20	17	12	12

Bei zweilagigen Bekleidungen gelten für die untere Lage die 3-fachen Abstände der Befestigungsmittel.

* Karton-ummantelte Kanten
** geschnittene Kanten

8 II
STATIK

(8.1 GRUNDLAGEN; 8.2 BEISPIELE; 8.3 TABELLARIUM SIEHE TEIL II)

8.4 II BAUAUFSICHTLICH ZUGELASSENE TRAGENDE BAUSTOFFE UND BAUTEILE

Bemessung und Ausführung   Eternit 8.41.01 II

Zementgebundene Holzspanplatte Duripanel

ETERNIT AKTIENGESELLSCHAFT
POSTFACH 11 06 20
1000 Berlin 11
Telefon 0 30 / 34 85-0
Telex 181 221

ZULASSUNGSBESCHEID NR. Z 9.1 – 120 MUSS AN DER VERWENDUNGSSTELLE VORLIEGEN

Auszug aus dem Zulassungsbescheid

Bemessung und Ausführung

Allgemeines

Für die Bemessung und Ausführung von unter Verwendung von Flachpreßplatten „Duripanel" hergestellten Wandtafeln gelten die „Richtlinien für die Bemessung und Ausführung von Holzhäusern in Tafelbauart (Holzhausrichtlinien)" ersetzt durch DIN 1052 Teil 3" Holzbauwerke; Holzhäuser in Tafelbauart, Berechnung und Ausführung" unter Beachtung von DIN 68 800 Teil 2, soweit in diesem Bescheid nichts anderes bestimmt ist.

Ausführung

Die **Längen- und Breitenquellung ist mit 0.38% bis 0.48% bei großflächigem Einsatz** der Platten unter stark wechselnden Feuchtigkeitsbedingungen zu berücksichtigen.

Bei Nagelverbindungen sind die Flachpreßplatten „Duripanel" mit 0.8 d_n vorzubohren.

Bemessung

Für die zulässigen Spannungen und als Rechenwert für den Elastizitätsmodul gelten für geschliffene und ungeschliffene Flachpreßplatten „Duripanel" die angegebenen Werte.

Tabelle 1: Zulässige Spannungen und Rechenwerte für den Elastizitätsmodul in MN/m² (kp/cm²) für mineralisch gebundene Flachpreßplatten „Duripanel"

Art der Beanspruchung	zulässige Spannungen bzw. Rechenwerte in MN/m² (kp/cm²)
Biegung zul σ_B bei Belastung rechtwinklig zur Plattenebene	1,8 (18)
Zug zul σ_Z in Plattenebene	0,8 (8)
Druck zul σ_D in Plattenebene	2,5 (25)
Elastizitätsmodul E bei Belastung rechtwinklig zur Plattenebene	4 500 (45 000)

Mittragende Beplankung

Fermacell 8.42.01 II

Statischer Einsatz von FERMACELL im Wandbereich

zur: 1. Knickaussteifung der Rippen
     2. Horizontalkraftaufnahme
     3. Schwellendruckentlastung aus Vertikallast

Weitere Einzelheiten enthält der nachstehend abgedruckte Zulassungsbescheid.

INSTITUT FÜR BAUTECHNIK
Anstalt des öffentlichen Rechts

1000 Berlin 30, den 16. Dezember 1987
Reichpietschufer 74-76
Telefon: (0 30) 25 03-2 92
Teletex: 308258
Telefax: (0 30) 25 03-3 20
GeschZ.: II 21-1.9.1-187

ZULASSUNGSBESCHEID

Zulassungsgegenstand: FERMACELL-Gipsfaserplatten
für die Beplankung von Wandtafeln
für Holzhäuser in Tafelbauart

Antragsteller: Fels-Werke GmbH
Geheimrat-Ebert-Straße 12
3380 Goslar

Geltungsdauer bis: 30. April 1991

Zulassungsnummer: Z-9.1-187

Hiermit werden die

FERMACELL-Gipsfaserplatten
für die Beplankung von Wandtafeln
für Holzhäuser in Tafelbauart

allgemein bauaufsichtlich/baurechtlich zugelassen.*)

<u>Der zugelassene Gegenstand darf nur verwendet werden, wenn seine Herstellung überwacht/güteüberwacht ist und dies auf der Baustelle nachgewiesen wird (siehe Allgemeine Bestimmungen).</u>

Dieser Zulassungsbescheid umfaßt neun Seiten und drei Blatt Anlagen, die Bestandteil dieses Bescheides sind.

---
*) Dieser Bescheid ersetzt den Zulassungsbescheid vom 29. April 1986, der hiermit außer Kraft gesetzt wird und seine Gültigkeit verliert.

Seite 2 zum Zulassungsbescheid Nr. Z-9.1-187 vom 16. Dezember 1987

I. Allgemeine Bestimmungen

1. Die Zulassung befreit die Bauaufsichtsbehörden von der Verpflichtung, die Brauchbarkeit des Zulassungsgegenstandes für den Verwendungszweck oder Anwendungszweck zu prüfen. Die Bauaufsichtsbehörde hat jedoch bei der Verwendung oder Anwendung des Zulassungsgegenstandes die Einhaltung der Bestimmungen dieses Zulassungsbescheides zu überwachen.

2. Der Zulassungsbescheid ersetzt nicht die für die Durchführung von Bauvorhaben erforderlichen Genehmigungen.

3. Der Zulassungsbescheid ist in Abschrift oder Fotokopie der Bauaufsichtsbehörde auf Verlangen vorzulegen.

4. Bei jeder Verwendung oder Anwendung des Zulassungsgegenstandes muß an der Verwendungsstätte der Zulassungsbescheid in Abschrift oder Fotokopie vorliegen.

5. Der Zulassungsbescheid darf nur im ganzen mit den dazugehörigen Anlagen vervielfältigt werden. Eine auszugsweise Veröffentlichung bedarf der Genehmigung des Instituts für Bautechnik. Der Text und die Zeichnungen von Werbeschriften dürfen dem Zulassungsbescheid nicht widersprechen. Dies gilt für die Nachweise der Überwachung/Güteüberwachung (Abschnitt 11 und 12) entsprechend.

6. Der Hersteller ist dafür verantwortlich, daß die nach diesem Bescheid hergestellten Gegenstände mit den geprüften in allen Eigenschaften übereinstimmen.

7. Die obersten Bauaufsichtsbehörden und die von ihnen beauftragten Stellen sind berechtigt, im Herstellwerk, im Händlerlager oder auf der Baustelle zu prüfen oder prüfen zu lassen, ob die Auflagen dieses Zulassungsbescheides eingehalten worden sind.

8. Die Zulassung kann mit sofortiger Wirkung widerrufen werden, wenn ihren Auflagen nicht entsprochen wird. Die Zulassung wird widerrufen, ergänzt oder geändert, wenn sich die Baustoffe, Bauteile oder Bauarten (Zulassungsgegenstände) nicht bewähren, insbesondere dann, wenn neue technische Erkenntnisse dies begründen.

9. Die Zulassung berücksichtigt den derzeitigen Stand der technischen Erkenntnisse. Eine Aussage über die Bewährung eines Zulassungsgegenstandes ist mit der Erteilung der Zulassung nicht verbunden.

10. Die Zulassung wird unbeschadet der Rechte Dritter erteilt.

11. Wird für den Zulassungsgegenstand in den Besonderen Bestimmungen (s. II.) eine Überwachung/Güteüberwachung gefordert, so darf er nur verwendet werden, wenn seine Herstellung überwacht/güteüberwacht wird. Der Nachweis hierüber gilt als erbracht, wenn das überwachte Erzeugnis oder — soweit dies nicht möglich ist — dessen Verpackung oder dessen Lieferschein durch das einheitliche Überwachungszeichen nach Abschnitt 12 gekennzeichnet ist.

Sofern in den Besonderen Bestimmungen keine allgemeine Zustimmung zum Überwachungsvertrag oder keine allgemeine Überwachungsbescheinigung zur Überwachungsbestätigung erteilt ist, darf das einheitliche Überwachungszeichen nur geführt werden, wenn das Institut für Bautechnik dem Überwachungsvertrag zugestimmt oder eine Überwachungsbescheinigung ausgestellt hat. Abschnitt 3 gilt sinngemäß.

12. Nach den Erlassen der Länder ist der Nachweis der Überwachung durch Zeichen wie folgt zu führen (ver kleinerte Darstellung):

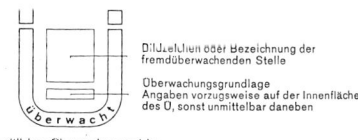

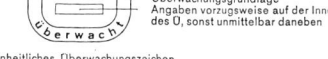

Einheitliches Überwachungszeichen

Bildzeichen oder Bezeichnung der fremdüberwachenden Stelle
Überwachungsgrundlage
Angaben vorzugsweise auf der Innenfläche des Ü, sonst unmittelbar daneben

Vereinfachtes Zeichen zur Kennzeichnung auf Baustoffen, Bauteilen und Einrichtungen, wenn der Lieferschein das Überwachungszeichen nach Abb. 1 trägt. Dabei soll der Fremdüberwacher durch ein — ggf. vereinfachtes — Zeichen erkennbar sein.

Mittragende Beplankung

Fermacell 8.42.02 II

Seite 3 zum Zulassungsbescheid Nr. Z-9.1-187 vom 16. Dezember 1987

II BESONDERE BESTIMMUNGEN

1 Allgemeines

1.1 Die Zulassung erstreckt sich auf die Herstellung von FERMACELL-Gipsfaserplatten von 10 mm bis 18 mm Dicke nach Abschnitt 3.1 und ihre Verwendung für die Beplankung von Wandtafeln nach Abschnitt 4 für Holzhäuser in Tafelbauart. Bei beidseitig beplankten Wandtafeln dürfen auf der einen Seite statt Gipsfaserplatten auch mindestens 13 mm dicke Holzwerkstoffplatten nach Abschnitt 3.3 verwendet werden.

1.2 Für die Berechnung und Ausführung der Wandtafeln gilt die "Richtlinie für die Bemessung und Ausführung von Holzhäusern in Tafelbauart", Fassung Februar 1979, sowie DIN 68 800 Teil 2 - Holzschutz im Hochbau; Vorbeugende bauliche Maßnahmen -, Ausgabe Januar 1984, soweit in diesem Bescheid nichts anderes bestimmt ist.

2 Anwendungsbereich

2.1 Die Gipsfaserplatten dürfen nur für die Beplankung von Wandtafeln für Holzhäuser in Tafelbauart verwendet werden.

2.2 Die Gipsfaserplatten dürfen nur dort eingesetzt werden, wo die Verwendung von Platten der Holzwerkstoffklasse 20 nach DIN 68 800 Teil 2 - Holzschutz im Hochbau; Vorbeugende bauliche Maßnahmen - erlaubt ist.

Die Gipsfaserplatten dürfen bei einer Mindestdicke 12,5 mm auch als äußere Beplankung von beidseitig beplankten Außenwänden eingesetzt werden, wenn der Wetterschutz durch ein außenliegendes, direkt aufgebrachtes Wärmedämmverbundsystem sichergestellt ist, für das folgendes bestimmt wird:

- Schaumkunststoff-Platten (Hartschaum) nach DIN 18 164 Teil 1 mit einer Mindest-Nenndicke von 30 mm,
- Kunstharzputz,
- Eignungsnachweis für das System (dauerhafter Wetterschutz) durch Prüfzeugnis der Forschungs- und Materialprüfungsanstalt Baden-Württemberg, Stuttgart, oder des Fraunhofer-Institut für Holzforschung WKI, Braunschweig.

3 Anforderungen an die Baustoffe

3.1 Gipsfaserplatten

Zusammensetzung und Herstellverfahren der Gipsfaserplatten und deren Imprägnierung müssen den beim Institut für Bautechnik hinterlegten Angaben entsprechen.

Seite 4 zum Zulassungsbescheid Nr. Z-9.1-187 vom 16. Dezember 1987

Die Dicke der Gipsfaserplatten muß 10 mm, 12,5 mm, 15 mm oder 18 mm betragen. Für Maßtoleranzen und die Prüfung der Maße gilt DIN 18 180 - Gipskartonplatten; Arten, Anforderungen, Prüfung -.

Die Rohdichte der Platten muß, geprüft nach DIN 18 180, 1120 bis 1250 kg/m^3 betragen.

Die Biegefestigkeit rechtwinklig zur Plattenebene muß, geprüft nach DIN 18 180, wobei jedoch die Stützweite das 20fache der Plattendicke beträgt, mindestens 5,5 N/mm^2 (Kleinstwert aus Vorder- und Rückseitenprüfung) betragen.

3.2 Holz

Die Vollholzrippen müssen mindestens der Güteklasse II nach DIN 4074 Teil 1 - Bauholz für Holzbauteile; Gütebedingungen für Bauschnittholz (Nadelholz) - entsprechen. Für Holzschutzmaßnahmen gilt DIN 68 800 Teil 3 - Holzschutz im Hochbau; Vorbeugender chemischer Schutz von Vollholz -; bezüglich der Mindestquerschnitte und -maße siehe Abschnitt 4..

3.3 Holzwerkstoffe

Spanplatten müssen solche nach DIN 68 763 - Flachpreßplatten für das Bauwesen - sein;

Bau-Furniersperrholz muß solches nach DIN 68 705 Teil 3 - Sperrholz; Bau-Furniersperrholz - sein;

Harte Holzfaserplatten müssen solche nach DIN 68 754 Teil 1 - Harte und mittelharte Holzfaserplatten für das Bauwesen - sein.

Andere Holzwerkstoffe dürfen als Beplankung nicht in Rechnung gestellt werden; bezüglich der Mindestdicken siehe Abschnitt 1.1.

3.4 Nägel und Klammern

Für die Verbindung der Gipsfaserplatten mit den Holzrippen dürfen nur nachstehend genannte verzinkte oder aus nichtrostendem Stahl bestehende Nägel oder Klammern verwendet werden:

a) Hohlkopfnägel mit einer Zugfestigkeit des Nageldrahtes von mindestens 600 MN/m^2 und einem Durchmesser d_n = 2,2 mm: Länge der Nägel $l_n \geq 40$ mm für 10 mm und 12,5 mm dicke, $l_n \geq 45$ mm für 15 mm dicke Gipsfaserplatten;

b) allgemein bauaufsichtlich zugelassene Schraub- oder Rillennägel mit Durchmesser d_n = 2,2 mm bis 2,9 mm: Länge der Nägel $l_n \geq 32$ mm für 10 mm dicke, $l_n \geq 40$ mm für 12,5 mm und 15 mm dicke, $l_n \geq 45$ mm für 18 mm dicke Gipsfaserplatten;

Seite 5 zum Zulassungsbescheid Nr. Z-9.1-187 vom 16. Dezember 1987

c) allgemein bauaufsichtlich zugelassene Klammern mit Drahtdurchmessern $d_n \geq 1,5$ mm: Schaftlänge $l_n \geq 40$ mm für 10 mm und 12,5 mm dicke, $l_n \geq 45$ mm für 15 mm und 18 mm dicke Gipsfaserplatten.

4 Anforderungen an die Wandtafeln

Die Wandtafeln sind im Werk herzustellen; bei Beachtung der nachstehenden zusätzlichen Bestimmungen in den Abschnitten 4, 5 und 6 bei Baustellenfertigung dürfen die Beplankungen auch auf der Baustelle auf der Holzunterkonstruktion befestigt werden.

Die Wandtafeln müssen den Anlagen 1 bis 3 entsprechen. Die Tafelbreite B muß mindestens 62,5 cm betragen. Die Tafelhöhe H darf höchstens 260 cm betragen; bei beidseitig beplankten Einraster-Tafeln mit einer Tafelbreite B von mindestens 125 cm darf die Tafelhöhe H jedoch bis zu 300 cm betragen. Der lichte Abstand der Rippen darf 50 · d nicht überschreiten, wobei d die Dicke der Beplankung bedeutet. Der Achsabstand der Rippen darf nicht größer sein als 62,5 cm.

Die Tafeln sind einseitig oder beidseitig mit Gipsfaserplatten zu beplanken. Bei beidseitig beplankten Tafeln muß die Gipsfaserplatte mindestens 10 mm, bei einseitig beplankten Tafeln mindestens 12,5 mm dick sein. Bei beidseitig beplankten Tafeln darf die Beplankung auf einer Seite statt aus Gipsfaserplatten auch aus mindestens 13 mm dicken Holzwerkstoffplatten nach Abschnitt 3.3 bestehen.

Jede Beplankung muß ungestoßen über die Tafelhöhe gehen. Eine Horizontalfuge in jeder Beplankung ist nur dann zulässig, wenn die Beplankung ausschließlich für die Knickaussteifung der Rippen in Rechnung gestellt wird. Lotrechte Beplankungsstöße dürfen nur gemäß Anlage 2 angeordnet und nach Anlage 3 ausgeführt werden.

Die Gipsfaserplatten sind mit Nägeln oder Klammern nach Abschnitt 3.4, wie in Anlagen 1 und 3 angegeben, zu befestigen. Die Verbindungsmittel sind mit allen umlaufenden Randrippen (R, Anlage 2) im Abstand $e_R \leq 75$ mm, mit den lotrechten Mittelrippen (M, Anlage 2) im Abstand $e_M \leq 150$ mm zu befestigen. Sofern die Beplankung nur zur Knickaussteifung der Rippen nach Abschnitt 5.1 dient, ist der Abstand $e_R \leq 150$ mm einzuhalten. Beplankungen aus Holzwerkstoffplatten nach Abschnitt 3.3 sind mindestens in denselben Abständen zu befestigen. Die Einschlagtiefe im Vollholz muß mindestens betragen:

Hohlkopfnägel 12 · d_n, Schraub- und Rillennägel 10 · d_n, Klammern 12 · d_n.

Seite 6 zum Zulassungsbescheid Nr. Z-9.1-187 vom 16. Dezember 1987

Für die erforderlichen Randabstände der Verbindungsmittel gelten die Angaben auf Anlage 3; bei Baustellenfertigung sind diese Mindestabstände um jeweils 5 mm zu erhöhen.

Sofern nicht wegen der Verbindungsmittel größere Abmessungen erforderlich werden, sind für die Holzrippen folgende Mindestwerte einzuhalten:

Breite b = 45 mm,
Dicke h = 90 mm,
jedoch Querschnittsfläche 45 cm^2.

5 Standsicherheit

5.1 Knickaussteifung der Rippen

Die Rippen dürfen bei beidseitiger Beplankung grundsätzlich, bei einseitiger Beplankung bis zu einem Seitenverhältnis h/b der Holzquerschnitte von 4 : 1 ohne zusätzlichen Nachweis als gegen Knicken in Wandebene ausgesteift angesehen werden.

5.2 Zulässige waagerechte Last F_H

Die in Tafelebene aufnehmbare zulässige Horizontalkraft zul F_H ist für die Halbraster-Tafel (Tafelbreite B = 0,625 m) und für die Einraster-Tafel (siehe Anlage 1) mit 1,25 m Breite der Tabelle 1 zu entnehmen. Dabei sind folgende Abminderungen zu berücksichtigen:

a) bei Baustellenfertigung Abminderung der Werte für zul F_H nach Tabelle 1 um 20 %

b) bei äußerer Gipsfaserplatten-Beplankung von Außenwänden (siehe Abschnitt 2.2 Absatz 2) in Werksfertigung Abminderung der Werte für zul F_H nach Tabelle 1 um 10 %.

Die Verbindungsmittel für den Anschluß von F_H an die Tafel sind nachzuweisen. Ein statischer Nachweis für die Aufnahme und Weiterleitung von zul F_H durch die Beplankung bzw. durch die Verbindungsmittel braucht nicht geführt zu werden.

Werden Mehrraster-Tafeln durch Zusammenfügen von Einraster-Tafeln gebildet, so ist deren Verbindung schubsteif auszubilden. Sofern kein genauerer Nachweis erfolgt, sind die Verbindungsmittel für die Schubkraft T = Z_A (vgl. Abschnitt 5.6) zu bemessen.

Die auf eine Wand entfallenden waagerechten Lasten aus der Decken- oder Dachkonstruktion dürfen bei Mehrraster-Tafeln, ggf. auch unter Verwendung von Halbrastertafeln, auf die einzelnen Tafeln im Verhältnis ihrer zulässigen waagerechten Lasten verteilt werden.

Mittragende Beplankung   Fermacell 8.42.03 II

Seite 7 zum Zulassungsbescheid Nr. Z-9.1-187 vom 16. Dezember 1987

Tabelle 1: Zulässige waagerechte Last zul F_H
und Rechenwert für α für eine Halbraster-Tafel
(Tafelbreite B = 0,625 m) und eine Einraster-Tafel mit B = 1,25 m
in Abhängigkeit von der Tafelhöhe H und Beplankungsdicke d

Beplankung	B (m)	zul F_H in kN für				α
		d = 10 mm		d $\geq$ 12,5 mm		
		Tafelhöhe H (m)				
		$\leq$ 2,60 m	3,00	$\leq$ 2,60	3,00	
beidseitig	0,625	-	-	1,5[1]	-	1,0[2]
	1,25	5,0[1]	4,0[1]	6,0[1]	5,0[1]	0,7[2]
einseitig	1,25	-	-	3,5	-	0,8

1) 2) Zwischenwerte dürfen geradlinig interpoliert werden.

5.3 Druckkraft im Schwellenbereich der Rippen infolge F_H
Für den Nachweis der Schwellenpressung unter der Randrippe (R) einer Tafel (siehe Anlage 2) infolge F_H ist die Druckkraft D der Randrippe (R) anzunehmen mit
$D = \alpha \cdot F_H \cdot H/B_S$,
hierbei ist:
α siehe Tabelle 1,
B_S siehe Anlage 2,
F_H ist die für die Randrippe maßgebende Horizontalkraft (siehe Abschnitt 5.2) letzter Absatz).
Für die Ermittlung der Druckkraft in den Mittelrippen (M) darf bei Einraster-Tafeln (nur eine Mittelrippe) α = 0 gesetzt werden, während ansonsten Mittelrippen wie Randrippen zu behandeln sind.

5.4 Druckkraft im Schwellenbereich der Rippen infolge F_V
Zur Ermittlung der Rippen-Druckkräfte D_i für den Nachweis der Schwellenpressung darf die auf eine Einraster-Tafel wirkende lotrechte Gesamtlast F_V im Verhältnis der jeweiligen zulässigen Rippendruckkraft zul D_i zur zulässigen Gesamtlast zul $D = \Sigma$ (zul D_i) + zul D_{Bepl} aufgeteilt werden.

Seite 8 zum Zulassungsbescheid Nr. Z-9.1-187 vom 16. Dezember 1987

Bei gemeinsamer Rippe zwischen 2 Rastern in Mehrraster-Tafeln werden die auf diese Rippe wirkende Belastung F_{Vi} und der Rippenquerschnitt rechnerisch je zur Hälfte auf beide Raster verteilt.
Die zulässige Anschlußkraft der Beplankung zul D_{Bepl} im Schwellenbereich darf für Tafeln nach Abschnitt 4 aus der zulässigen Belastung aller in der Schwelle angeordneten Verbindungsmittel ermittelt werden. Als zulässige Belastung sind auch bei Gipsfaserplatten die Werte wie bei Holz und Holzwerkstoffen zugrunde zu legen, für Hohlkopfnägel nach DIN 1052, für Schraub- und Rillennägel sowie Klammern aus der entsprechenden allgemeinen bauaufsichtlichen Zulassung.

5.5 Nachweis der Schwellenpressung infolge F_H und F_V
Die Rippen-Druckkräfte infolge F_H nach Abschnitt 5.3 und infolge F_V nach Abschnitt 5.4 sind für den Nachweis der Einhaltung der zulässigen Spannungen im Schwellenbereich zu addieren.
Beträgt der Schwellenüberstand beiderseits der Druckfläche in Faserrichtung mindestens je 150 mm, dann darf die zulässige Druckspannung rechtwinklig zur Faserrichtung mit dem Faktor
$$k_{D\perp} = \sqrt[4]{150/b}$$
vervielfacht werden, wobei b die Breite der lotrechten Rippe bedeutet (siehe Anlage 2).

5.6 Anker-Zugkraft Z_A infolge F_H
Die Ankerzugkraft Z_A ist zu bestimmen aus
$Z_A = F_H \cdot H/B_S$,
Endet die Schwelle mit der druckbeanspruchten Randrippe, so ist Z_A bei Halb- und Einraster-Tafeln für die Bemessung um 10 % zu vergrößern. Bei Mehrraster-Tafeln braucht die Verankerung nur am zugbeanspruchten Rand der Gesamttafel vorgenommen zu werden, muß jedoch in Höchstabständen von ca. 2,50 m erfolgen. Z_A ist an der lotrechten Rippe anzuschließen.

6 Transport, Lagerung und Montage
Beim Transport und bei der Montage von werksmäßig hergestellten Tafeln ist darauf zu achten, daß die Wandtafeln nicht beschädigt und nicht naß werden. Beschädigte Wandtafeln dürfen nicht eingebaut werden.
Werden die Beplankungen an der Baustelle auf die Holzunterkonstruktion aufgebracht (Baustellenfertigung), dann sind die nachstehenden Bedingungen zusätzlich einzuhalten:

Seite 9 zum Zulassungsbescheid Nr. Z-9.1-187 vom 16. Dezember 1987

- bis zum Aufbringen der Beplankung darf sich die Holzfeuchte der Unterkonstruktion gemäß DIN 68 800 Teil 2 nicht unzuträglich erhöhen (z.B. Schutz vor Niederschlägen oder sehr hoher Baufeuchte erforderlich),
- bis zum Aufbringen ist die Beplankung vor unzuträglicher Feuchtebeanspruchung, z.B. vor Niederschlägen oder hoher Baufeuchte, zu schützen (z.B. allseitiges Abdecken der Platten mit Folie).

Im übrigen gelten auch die Bestimmungen nach Abschnitt 1.2 dieses Bescheides.

7 Kennzeichnung
7.1 Gipsfaserplatten:
Die Gipsfaserplatten sind mit Lieferscheinen auszuliefern, die folgende Angaben enthalten müssen:
  Gipsfaserplatten für Wandtafeln gemäß Zulassungsbescheid
  Zulassungs-Nr. Z-9.1-187
  Dicke
  Herstellwerk
  einheitliches Überwachungszeichen
Jede Liefereinheit ist auf der Verpackung oder mit einem mindestens DIN A 4 großen Beipackzettel mit den gleichen Angaben zu kennzeichnen.

7.2 Wandtafeln:
Werden Wandtafeln nicht zusammen mit den anderen Teilen eines Fertighauses sondern gesondert ausgeliefert, so sind sie mit Lieferscheinen auszuliefern, die folgende Angaben enthalten müssen:
  Bezeichnung des Zulassungsgegenstandes
  Zulassungs-Nr.: Z-9.1-187
  Herstellwerk
  einheitliches Überwachungszeichen.
Jede Wandtafel muß dann auch mindestens mit dem vereinfachten Überwachungszeichen gekennzeichnet sein.

8 Überwachung
8.1 Für die Überwachung der Gipsfaserplatten wird folgendes bestimmt:
Die Einhaltung der für die Gipsfaserplatten in Abschnitt 3.1 festgelegten Anforderungen sowie die Kennzeichnung nach Abschnitt 7.1 ist in jedem Herstellwerk durch eine Überwachung, bestehend aus Eigen- und Fremdüberwachung, zu prüfen. Für das Verfahren der Überwachung ist DIN 18 200 - Überwachung (Güteüberwachung) von Baustoffen, Bauteilen und Bauarten, Allgemeine Grundsätze - maßgebend, sofern im folgenden nichts anderes bestimmt wird.

Seite 10 zum Zulassungsbescheid Nr. Z-9.1-187 vom 16. Dezember 1987

Für Umfang, Art und Häufigkeit der Prüfungen der Gipsfaserplatten gelten die Bestimmungen von Abschnitt 3.1 und sinngemäß von DIN 18 180.
Die Fremdüberwachung ist aufgrund eines Überwachungsvertrages von einer für die Überwachung von Gipskartonplatten nach DIN 18 180 anerkannten Prüfstelle durchzuführen. Der Überwachungsvertrag bedarf der Zustimmung durch das Institut für Bautechnik, Berlin.

8.2 Die Überwachung der Wandtafeln ist nach den Richtlinien für die einheitliche Güteüberwachung der Herstellung von Wand-, Decken- und Dachtafeln für Tafelbauarten (Fassung März 1972) durchzuführen. Die Fremdüberwachung ist von einer dafür bauaufsichtlich anerkannten Prüfstelle durchzuführen.

8.3 Für jedes Herstellwerk der Gipsfaserplatten ist ein zusammenfassender Bericht über die Eigen- und Fremdüberwachung mit entsprechenden Ergebnissen und deren Bewertung von der fremdüberwachenden Stelle spätestens 1/2 Jahr vor Ablauf der Geltungsdauer des Zulassungsbescheids dem Institut für Bautechnik zuzuleiten.

Im Auftrag
Irmschler

Beglaubigt
Kramer

Mittragende Beplankung

Fermacell 8.42.04 II

Fermacell-Gipsfaserplatten als mittragende Beplankung

Anlage 1

Konstruktion und Abmessungen der Wandtafeln

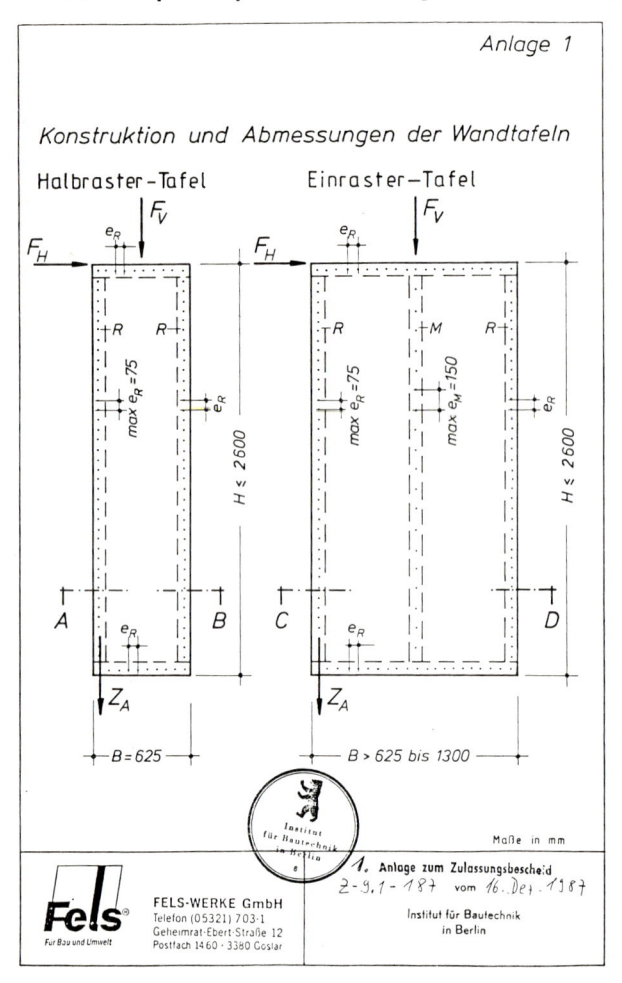

Halbraster-Tafel — Einraster-Tafel

max $e_R = 75$, max $e_M = 150$, $H \leq 2600$

$B = 625$; $B > 625$ bis 1300

Maße in mm

1. Anlage zum Zulassungsbescheid 2-9.1-187 vom 16. Dez. 1987
Institut für Bautechnik in Berlin

FELS-WERKE GmbH
Telefon (05321) 703-1
Geheimrat-Ebert-Straße 12
Postfach 1460 · 3380 Goslar

Anlage 2

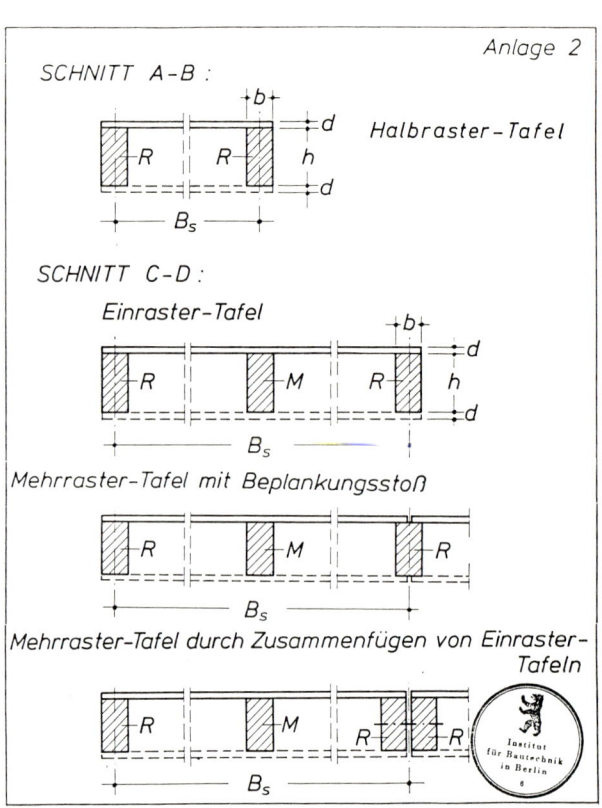

SCHNITT A-B: Halbraster-Tafel

SCHNITT C-D: Einraster-Tafel

Mehrraster-Tafel mit Beplankungsstoß

Mehrraster-Tafel durch Zusammenfügen von Einraster-Tafeln

Anlage 3

Erforderliche Randabstände der Verbindungsmittel

Beplankungsstoß
$\geq 5 \cdot d_n$
$\geq 7 \cdot d_n$
$0-5$

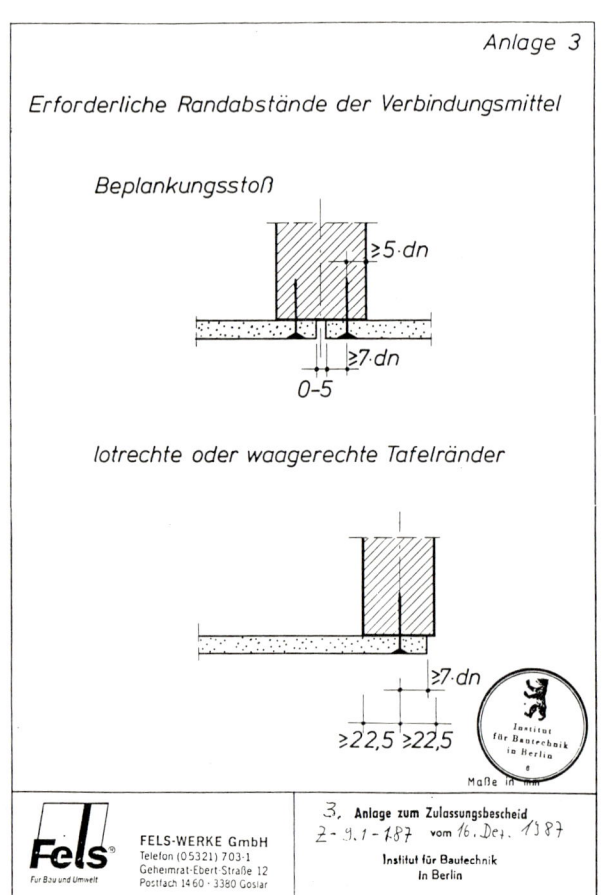

lotrechte oder waagerechte Tafelränder
$\geq 7 \cdot d_n$
$\geq 22,5$ $\geq 22,5$

Maße in mm

3. Anlage zum Zulassungsbescheid 2-9.1-187 vom 16. Dez. 1987
Institut für Bautechnik in Berlin

FELS-WERKE GmbH
Telefon (05321) 703-1
Geheimrat-Ebert-Straße 12
Postfach 1460 · 3380 Goslar

Anlage 4

Außenwand mit Vorsatzschale
waagerechter Schnitt

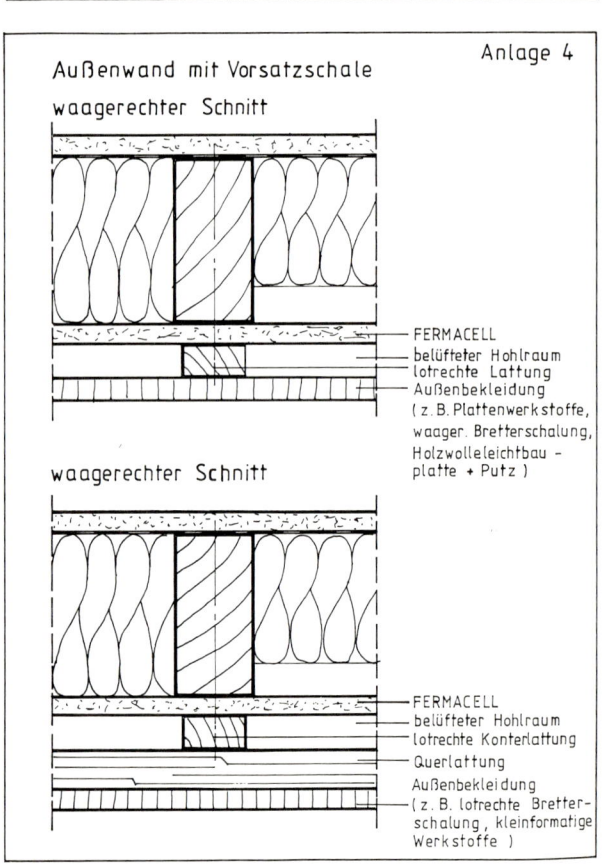

– FERMACELL
– belüfteter Hohlraum
– lotrechte Lattung
– Außenbekleidung (z.B. Plattenwerkstoffe, waager. Bretterschalung, Holzwolleleichtbauplatte + Putz)

waagerechter Schnitt

– FERMACELL
– belüfteter Hohlraum
– lotrechte Konterlattung
– Querlattung
– Außenbekleidung (z.B. lotrechte Bretterschalung, kleinformatige Werkstoffe)

Zu beachten

– Der gültige Zulassungsbescheid muß, an der Verwendungsstelle vorliegen
– Alle Angaben des Zulassungsbescheides sind unbedingt einzuhalten.

Mittragende Beplankung, Gipskartonplatten IGG, Knauf/Rigips 8.44.01 II

Tragende Wandtafeln mit mittragender Beplankung aus Gipskartonplatten

Zulassungsbescheid Nr.: Z 9.1–199

Baustoffe

Holzständer und Rähme: Bauschnittholz, Nadelholz, Güteklasse II, DIN 4074 Teil 1, Holzfeuchte $u_m \leq 18\%$
Beplankung: Gipskartonplatten, DIN 18 180, Dicken: 12,5 bis 18 mm
Verbindungsmittel: Nägel, siehe Zulassungsbescheid

Anwendungsbereich

Klimabedingungen: Alle Bereiche für die die Holzwerkstoffklasse 20 nach DIN 68 800 Teil 2 zulässig ist (bei der Holzrahmenbauweise im allgemeinen im Innern der Häuser)
Konstruktionsaufbau: wie in der Holzrahmenbauweise üblich, einseitige und beidseitige Beplankung möglich, Kombination: eine Seite Gipskarton- und eine Seite Holzwerkstoffbeplankung als beidseitig beplankte Tafel möglich
Fertigung: Werksfertigung und Baustellenfertigung zulässig, bei der Baustellenfertigung sind in der Zulassung beschriebene besondere Bedingungen einzuhalten

Zu beachten:

– Der gültige Zulassungsbescheid muß an der Verwendungsstelle vorliegen!

erhältlich bei: Gebr. Knauf   und   Rigips GmbH
Westdeutsche Gipswerke
Postfach 10   Postfach 12 29

8715 Iphofen   3452 Bodenwerder

Tel.: 0 93 23/31-0   Tel.: 0 55 33/7 11
Telex: 6 893 000   Telex: 0 965 394/5
Telefax: 0 93 23/31-2 77

– Alle Angaben und Bedingungen des Zulassungsbescheides sind unbedingt einzuhalten!

Konstruktion und Abmessungen der Wandtafeln

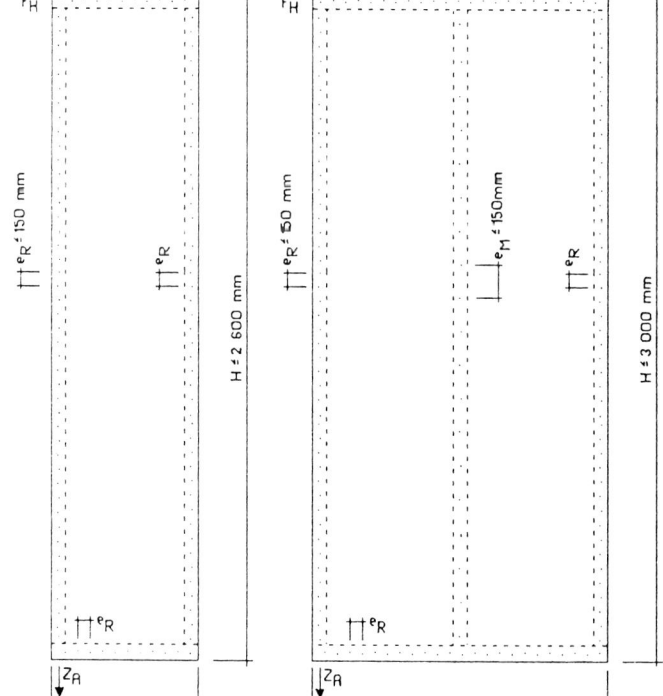

Zulässige Lasten für die Wandtafeln

Maximal zulässige Horizontallasten F_H						
Breite B	Beplan- kung	Nagelab- stand e_R	Wandhöhe			
			H = 2,60 m		H = 3,00 m	
m		mm	kN	α	kN	α
0,625	beid- seitig	50	3,3	1,0	–	–
		150	1,3	1,0	–	–
1,25	beid- seitig	50	6,0	0,8	5,5	0,8
		150	2,6	0,8	2,6	0,8
	ein- seitig	50	6,0	0,8	–	–
		150	2,6	0,8	–	–

Für zul. F_H darf zwischen den Werten für $e_R = 50$ mm und 150 mm geradlinig interpoliert werden; zwischen den Werten für H = 2,60 m und 3,0 m darf nur bei der Tafelbreite B = 1,25 m geradlinig interpoliert werden.

Druckkräfte im Schwellenbereich:
– infolge Vertikallast F_V
– infolge Horizontallast F_H
siehe Zulassungsbescheid

9 II
HAUSTECHNIK

ABGASSCHORNSTEIN ETERNIT 9.11.01

Genaue Bezeichnung	**SYSTEM ETERDUR**
Gütegrundlage	Eigenüberwachung und Fremdüberwachung
Kennzeichnung	Überwachungszeichen Ü. fremdüberwachende Stelle, Zulassungsnummer, Materialdicke, Datum, Herstellwerk
Zulassungsbescheid	Z – 7.1.102
Baustoffklasse nach DIN 4102, Teil	alle Materialien im System sind A1 (nichtbrennbar)
Werte nach Zulassung	Nennwärmeleistung der Gasbrenner max. 30 kW Abgastemperatur max. 300° C
Besondere Eigenschaft	Geeignet auch als Schachtgruppe mit nebeneinanderliegenden Schächten für Verbrennungsluftzuführung und Abgasabführung
Herstellernachweis und weiteres Informationsmaterial	ETERNIT AKTIENGESELLSCHAFT Postfach 11 06 20 1000 Berlin 11

Der Abgasschornstein System ETERDUR für die Abführung von Abgasen häuslicher Gasfeuerstätten entspricht den Anforderungen der:

- DIN 18150 — Baustoffe und Bauteile für Hausschornsteine,
- DIN 18160 — Hausschornsteine-Anforderungen, Planung und Ausführung,
- DIN 4102 — Brandverhalten von Baustoffen und Bauteilen,
- FeuVo 1980 — Musterverordnung über Feuerungsanlagen.

Wärmedurchlaßwiderstand $m^2 K/W$	Wärmedurchlaßwiderstandsgruppe	Ausführungsart nach DIN 4705, Teil 2
mindestens 0,65	I	I
von 0,22 bis 0,64	II	II
von 0,12 bis 0,21	III	III

Die im Landesamt für Baustoffprüfung (LAB Bremen) vorgenommene Prüfung auf Wärmedurchlaßwiderstand ergab die Gruppe II nach DIN 18160, Teil 1, mit 0,36 m² K/W.

Da die Musterverordnung über Feuerungsanlagen die Aufstellung von Gasfeuerstätten begrenzt und auch den Anschluß an einen gemeinsamen Abgasschornstein auf drei häusliche Gasfeuerstätten limitiert, besteht die Möglichkeit, mehrere Schornsteine nebeneinander anzuordnen.

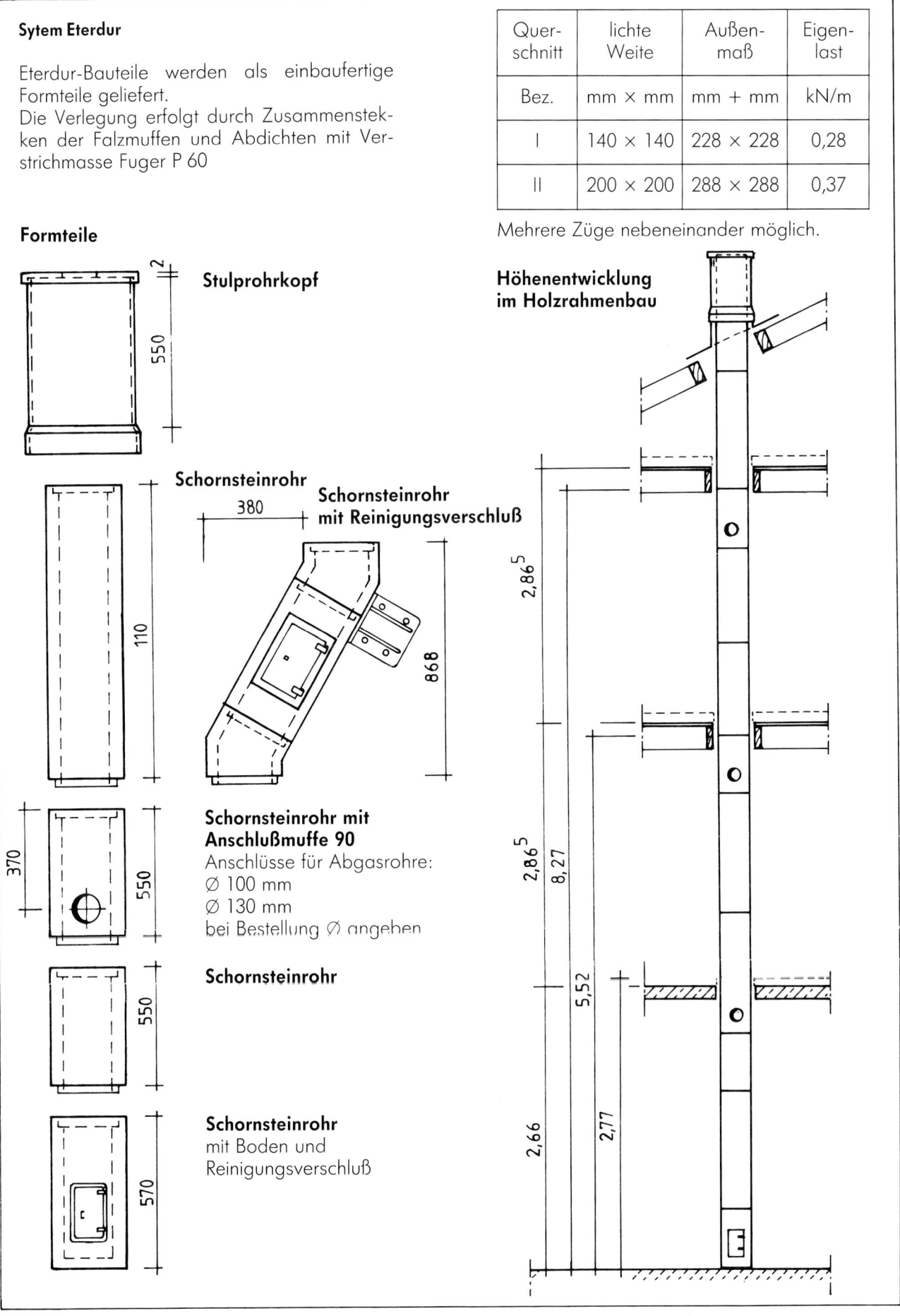

Abgasschornstein

Eternit 9.11.02 II

Sytem Eterdur

Eterdur-Bauteile werden als einbaufertige Formteile geliefert.
Die Verlegung erfolgt durch Zusammenstecken der Falzmuffen und Abdichten mit Verstrichmasse Fuger P 60

Quer-schnitt	lichte Weite	Außen-maß	Eigen-last
Bez.	mm × mm	mm + mm	kN/m
I	140 × 140	228 × 228	0,28
II	200 × 200	288 × 288	0,37

Mehrere Züge nebeneinander möglich.

Formteile

Stulprohrkopf

Schornsteinrohr

Schornsteinrohr mit Reinigungsverschluß

Schornsteinrohr mit Anschlußmuffe 90
Anschlüsse für Abgasrohre:
Ø 100 mm
Ø 130 mm
bei Bestellung Ø angeben

Schornsteinrohr

Schornsteinrohr
mit Boden und Reinigungsverschluß

Höhenentwicklung im Holzrahmenbau

Abgasschornstein

Ansichten M = 1:25, 1:50

10 II
ANHANG

Anhang

Register

Anbauten	6.93.01 II
Abschlußleisten	5.23.01–04 II
Akustikbekleidung	6.98.03 II
Akustikplatten	5.28.06–08 II
	5.28.13 II
Ausbauplatte	5.24.01 II
	6.64.02 II
	6.74.02 II
Aussteifende Platten	8.21.01 II ff.
Außenwände	6.12.01 II f.
Bau-Furniersperrholz	5.28.06–07 II
Bauschnittholz	5.29.01 II
Bauspanplatten	5.28.01–03 II
Baustoffe	Kap. 5 II
Betonschalungsplatten	5.28.07 II
Brandschutz, Übersicht	4.20.01 II
Dächer	Kap. 7 II
Decken	Kap. 7 II
Deckenbekleidung, Paneele	6.98.02 II
Dickschichtlasur	5.25.01–07 II
Druckausgleichsplatte	6.74.02 II
Estrich-Element	5.22.02 II
Eternit AG	0.00.00 II
Fels-Werke GmbH	0.00.00 II
Feuchträume	6.96.03 II
Fußbodenplatte	6.74.04 II
Gebäudeabschlußwände	Kap. 6.2 II
Gebogene Gipskartonplatten	6.94.01 II
GFB-Wand	6.63.02 II
Gipsfaserplatten	5.22.01–02 II
	5.28.12 II
Gipskartonplatten	5.24.01–02 II
Gipskartonprodukte	5.24.01–02 II
HNT GmbH, Verbindungstechnik für Holz	0.00.00 II
Hohlkehlleisten, GK	6.94.02 II
Holz	6.23.02 II ff.
	6.29.01 II
Holzfaserplatten	5.28.04–05 II
Holzschutz	4.20.04 II
	5.25.01–07 II
Holzschutzmittel	5.25.01–07 II
Holzspanplatten	5.28.01–03 II
Holzwerkstoffe	5.28.01 II ff.
Holzveredlungsmittel	5.25.01–07 II
IGG, Industriegruppe Gipskartonplatten im Bundesverband der Deutschen Gips- und Gipsbauplattenindustrie e.V.	0.00.00 II
ibh, Industrieverband Bauchemie und Holzschutzmittel e.V.	0.00.00 II
Innentüren	5.28.08–09
Innenwände, tragend	Kap. 6.3 II
Innenwände, nichttragend	Kap. 6.3 II
Klammern	7.47.04 II
Knickaussteifung	8.42.01 II ff.
Kunststoffplatten	5.28.04–05 II
Kunststoffbeschichtet	5.28.04–05 II
Lasur	5.25.01 II ff.
Leisten	5.23.01 II ff.
Mafell	0.00.00 II
Magnethaftplatten	5.28.12 II
Massivbauplatten	5.24.01 II
Massivholzdielen	5.23.01 II ff.
Massivholz	5.23.01 II ff.
Mechanische Verbindungen	7.47.01 II ff.
Mineralfaserplatten	5.28.13 II
Mittragende Beplankung	Kap. 8 II
Montageboden	5.24.01 II
Multi/Element	5.24.01 II
Nägel	7.47.01, 02, 05 II
Nichttragende Trennwände	Kap. 6.6 II
Paneele	5.28.10, 11, 14 II
Paneel-Element	5.24.01 II
Paneel-Zubehör	6.98.01 II ff.
Paslode GmbH	0.00.00 II
Profilholz	5.23.01–04 II
Profilleisten	5.23.01–04 II
Promat GmbH	0.00.00 II
Raumteiler	5.28.12 II
Regalwände	5.28.12 II
Sägewerke	5.29.01 II
Schalungsplatten	5.28.06 II
Schallschutz	4.20.02 II
	6.00.00 f.
Schornstein	9.11.01–02 II
Schrankwände	5.28.12 II
Schrauben	7.47.03, 06
Schutzmaßnahmen	Kap. 4.2 II
Spanholzformteile	5.28.12 II
Spanplatten	5.28.01–03 II
Sperrholz	5.28.06–08 II
Sonderprodukte, VHI	5.28.12 II
Stabplatte	5.28.06–07 II
Stäbchenplatte	5.28.06–07 II
Strangpreßplatten	5.28.01–03 II
Sym-Wand	6.63.02 II
Systematik	1.10.01 II
Systemergänzungen	Kap. 9 II
Systemzubehör	Kap. 9 II
Tischlerplatten	5.28.06 II
Tragende Wände	Kap. 6.1–6.3 II
	Kap. 8 II
Trennwände	Kap. 6.6 II
Treppenstufenplatten	5.28.06 II
Trittschallschutz	4.20.02 II
Trockenunterbodenelement	5.24.01 II
Türen	5.28.08 II
Übersichten	Kap. 4 II
Verband der Deutschen Holzwerkstoffindustrie e.V.	0.00.00 II
Verbindungen	7.47.01 II ff.
Verbundplatten	5.22.02 II
Verbundplatte MF	5.24.01 II
Verbundplatte PU	5.24.01 II
Verbundplatte PS	5.24.01 II
Vereinigung Deutscher Sägewerksverbände e.V.	0.00.00 II
Wände	Kap. 6.1–6.6 II
Wandbekleidungen, Paneele	6.98.01 II
Wärmeschutz	4.20.03 II
Wetterschutzfarbe	5.25.01 II ff.
Wetterschutzmittel	5.25.01 II ff.
Wohnbauplatte	5.24.01 II
Zargen	5.28.09 II
Zubehör	6.9, 9.1 II